# 미토콘드리아의 기적

### 내 아이 평생건강을 결정하는 90일 프로그램

# 미토콘드리아의 기적

## 내 아이 평생건강을 결정하는 90일 프로그램

김자영 지음 · 이홍규 감수

## 한국의 딸들에게

어지러운 세상이다. 그러나 내가 살아온 전쟁 이후의 50여 년에 비하면 지금은 천국이라 하겠다. 우리의 부모님들은 일제 치하에서 엄청나게 더 어렵게 사셨다. 우리 부모, 우리 부부는 스스로를 위해 노력하였지만, 궁극적으로는 너희들이 더 나은 삶을 살게 하고 싶었다. 너희들도 네 아들과 딸들이 더 나은 삶을 살아가게 하고 싶을 것이라 믿는다.

그 시작은 네 마음, 네 몸에서 시작된다. 마음의 눈을 돌려 네가 가진 난소, 약 3,000여 개의 난자에 초점을 맞추어 보렴. 그 난자는 매달 자라나서 네 아이의 몸과 마음을 만드는 씨앗, 소우주가 된다. 네 아이의 건강은 난자의 건강에 달렸고, 네가 건강해야 난자가 건강하고, 난자가 수정이 된 후 태어날 때까지 환경이 건강하게 된다. 즉 네 몸은 청정지역이 되어야 한다.

과학기술의 발전으로 많은 새로운 것들이 만들어지고 삶은 윤택해졌다. 동시에 환경오염이란 부작용도 늘어났다. 자동차, 비행기, 값싼 식품들, 맛있는 과자, 플라스틱, 형형색색의 물감, 질기고 불에 타지 않는 옷…. 이 모든 것들에 건강을 해치는 것들이 숨어 있다.

전염병이 돌고, 먹을 것이 모자라 병에 쉽게 걸려 오래 살지 못할 때까지 그런 부작용은 문제가 되지 않았다. 가끔 TV에서 보게 되는 피골이 상접한 아프리카 어느 지역의 아이들을 보거라. 그 아이들에겐 우선 입을 것, 먹을 것, 쉴 곳이 있어야 해. 그러나 너희 아이들을 세계인들과 경쟁해서지지 않는 훌륭한 성인으로 키워내려면 더 많은 것을 준비해야 한다.

김자영 선생이 좋은 책을 만들어 주셨다. 시간이 나면 내가 쓰고 싶던 책이다. 이 책을 읽었다고 건강에 대한 모든 지식을 다 얻을 수는 없을 거야. 또 TV에 나와 떠드는 많은 닥터들의 말과 다른 이야기가 제법 많을 거다. 이 아버지를 믿는다면, 이 책의 내용을 믿을 수 있을 게다. 이 책이 너와, 네 아이와 사랑하는 네 가족들의 건강을 지키는 데 큰 도움이 될게다.

내가 좋아하는 말에 수신-제가-치국-평천하(修身 齊家 治國 平天下)가 있다. 몸과 마음을 닦고, 집안을 다스린 다음, 나라와 천하를 편하게 한다는 말이다. 미토콘드리아가 좋아하는 환경을 만들면 수신이 된다. 그리고 네 아이들이 물려받게 될 미토콘드리아는 100% 너의 난자에 있던 것이다. 무슨 이야기인지는 책에서 보거라.

을지대학 및 을지병원 내분비0과 석좌교수
서울대학교 명예교수
이홍규

**내 아이의 평생건강은 엄마의 난자에서 시작된다.**

아기를 가졌을 때 태교의 중요성에 이의를 제기하는 사람은 아무도 없을 것이다. 엄마의 태교는 태아의 육체적 정신적 건강을 지켜주는 중요한 요소이고, 그러기 때문에 우리는 아기가 엄마의 자궁 안에 있을 때 좋은 것들만 먹고, 보고, 듣고자 애쓴다.

하지만 진정한 태교는 아이를 갖기 전 엄마의 난자에서부터 시작되어야 한다는 걸 알고 있는 사람들은 드물다. 태아는 수정란에서 시작된다. 수정란은 난자와 정자가 만나 아빠의 유전 정보와 엄마의 유전 정보가 만남으로써 온전한 유전체가 형성이 된다.

하지만 아빠의 정자와는 달리 엄마의 난자는 수정란에 유전 정보만을 주는 것이 아니다. 난자 자체가 수정란이 된다. 난자 안에는 약 10만 개의 '미토콘드리아'라는 에너지 발전소가 있고, 이것이 수정란에 에너지를 공급하고 태아의 미토콘드리아 자체가 된다.

미토콘드리아라는 단어가 어렵고 낯설게 느껴지는 분들은 미토콘드리아를 '에너지'로 생각해도 좋다. 우리가 "저 사람은 에너지가 넘치는 사람이야."라고 표현할 때 그 에너지가 미토콘드리아이다. "저 사람은 열정이 넘치는 사람이야."라고 이야기할 때 그 열정이 미토콘드리아이다. 나이가 들어 "이제 기력이 쇠해졌다."라고 표현할 때 그 기력이 미토콘드리아이다.

미토콘드리아로 인해 힘과 에너지 넘치는 삶을 살 수 있는 것이고, 미토콘드리아가 병들면 질병에 시달리게 되고, 미토콘드리아의 기력이 쇠해지며 바닥으로 치달으면서 노인이 되고, 미토콘드리아의 기능이 모두 정지되는 순간이 죽음에 이르는 때이다. 미토콘드리아는 인간의 생명을 유지시키는 힘 자체인 것이다.

난자는 여성 세포 중의 하나이고 10만 개씩이나 되는, 우리 몸에서 가장 많은 에너지 발전소인 미토콘드리아를 가지고 있다. 그리고 엄마 난자의 미토콘드리아만이 태아에게 전달되며, 엄마로부터 받은 이 미토콘드리아가 아이가 태어나 자라고 성인이 되기까지 전 생애에 걸쳐 맞딱뜨리게 되는 만성병의 근원이 된다. 태아가 갖고 태어나는 미토콘드리아가 건강하지 못하면 성장하면서 생기가 떨어지고 20년, 40년 후에 질병과 싸우게 된다. 난자의 건강은 엄마 혼자만의 건강이 아니라 내 아이의 노후 건강을 포함한 평생건강이다. 그렇기 때문에 진정한 태교는, 아이의 육체적 정신적 건강을 지켜주기 위한 노력은 임신 전부터 시작되어야 한다. 여성의 난자가 건강하고 난자가 가지고 있는 미토콘드리아가 건강할 때, 건강한 수정란이 형성되고, 아이의 평생 에너지 발전소 또한 제 역할을 훌륭하게 수행하게 되기 때문이다.

요즘 아이들이 힘이 없고 풀 죽은 콩나물처럼 생기가 없는 이유도 미토콘드리아가 건강하지 못해서라고 생각한다. 아이를 향한 엄마의 마음은 시대나 세대를 불문하고 동일할 것이다. 이 책을 쓰게 된 것도 아이의 평생건강을 지키고자 하나 그 방법을 몰라 답답한 분들에게 길잡이가 되고자 함이었다.

'의사'라는 직업군은 어느 과를 전공하든 늘 머릿속에 '건강'이란 화두를 지니고 살게 마련이다. 나 또한 암 전문의로서 환자들의 고통을 지켜보며 건강한 삶을 위해 무엇을 어떻게 해야 하는가를 고민하고 찾을 수밖에 없었다. 그리고 암환자들을 지켜보던 시야에서 복합 만성병에 시달리는 환자들에게로 시야가 더 넓어지게 되면서 '질병'과 '건강'이란 화두를 더 물고 늘어지게 된 것 같다. 그리고 그 근원에 건강과 질병, 삶과 죽음을 지배하는 미토콘드리아가 있음을 알게 되었고, 그 미토콘드리아를 관장하는 존재가 엄마라는 것을 인식하게 되었다.

'미토콘드리아'라는 단어가 생소하고 어렵게 느껴지는 분들도 있을 것이다. 하지만 우리 아이의 건강을 위해 꼭 알아야만 하는 단어이다. 아이뿐 아니라 엄마 자신, 아니 모든 사람들이 자신의 건강을 지키기 위해 알아야 하는 단어이다.

이 책은 먼저 미토콘드리아가 무엇이고, 어떻게 우리 아이에게 전달되며, 미토콘드리아 기능 이상이 어떻게 만성병의 근원으로 작용하는지 이야기한다. 그리고 무엇이 미토콘드리아 기능저하를 일으키는지에 대해 이야기하고, 미토콘드리아 기능을 최대로 끌어 올려서 만성병까지도 이겨내기 위한 음식과 생활방식을 소개함으로써 아이를 갖고자 하는 여성, 아이를 가진 엄마들에게 도움이 되고자 하였다.

현재까지 알약과 주사와 유전자 치료의 패러다임으로는 미토콘드리아의 기능을 되돌리거나 건강한 삶을 주는 데 실패했다. 하지만 '엄마'는 생명의 시작점에 가장 강력하게 개입하여 건강한 삶을 줄 수 있다. 그 시작점을 준비하는 분들에게 이 책이 도움이 되길 진심으로 바란다.

이 책을 쓰면서 가장 감사를 드리고자 하는 분은 대한민국의 세계적인 석학인 내분비내과 이홍규 교수님이다. 이홍규 교수님의 미토콘드리아 기반 의학의 개념과 태아기 때의 미토콘드리아 건강의 중요성 등의 미토콘드리아 연구가 나에게 여성의 난자의 건강의 중요성에 대한 확신을 주었고, 이 책을 쓰는 기반

이 되었다. 또한 이 책의 감수를 맡아 주셔서 저자에게 이보다 더 큰 영광이 없다. 이홍규 교수님도 아이를 가질 젊은 여성의 미토콘드리아 건강에 대해 매우 강조하고 있는데, 이 책이 그분과 뜻을 같이 하고 여성들의 건강에 대한 각성에 도움이 된다면 이 책의 소기의 목적은 달성된 것일 것이다.

이 책이 만들어지기까지 고마운 분들이 있다. 나의 미토콘드리아 건강에 대한 이야기를 들으시고 흥미로워 하시며 기꺼이 이 책을 기획해 주셨고 인내를 가지고 기다려 주신 양근모 청년정신 대표님께 깊이 감사드린다.

자연의 에너지를 담은 작품들로 우리의 마음을 흔드는 리장뽈 작가님께 감사드린다. 이 책의 이해를 돕기 위한 삽화 작업에 참여해 주시고, 책의 내용이 잘 전달되도록 힘써 주셨다.

일반 독자의 편에서 이해력을 돕고, 의사의 시각에서 균형을 잃지 않도록 책에 대한 조언을 아끼지 않아 주셨고, 끝마치기까지 진심으로 격려해 주신 장문주 서초참요양병원 병원장님께도 마음 깊이 감사드린다.

2016년 11월 김자영.

## 만성병 그리고 엄마가 될 여성의 미토콘드리아 부활

미토콘드리아의 부활은 알약 하나로 또는 유전자 하나의 조작으로 이루어질 수 없다. 세포 내에서 쉬지 않고 일어나는 생명 활동은 너무도 복잡한 연결고리로 서로 얽혀 있고, 약으로 어느 한 가지 길을 막거나 활성화시키는 것으로 해결되지 못 한다. 한 가지 길을 막거나 활성화시키는 작용은 동시에 무수히 많은 다른 길들을 막거나 활성화시키며 세포 작용 시스템의 또 다른 문제를 일으킨다.

무엇이 근본적으로 미토콘드리아를 손상시키고 있는지를 생각해야 한다. 문제의 근본적인 변화 없이 겉으로 나타나는 증상을 위한 약과 치료는 이미 너무도 많이 시도되어 왔다. 그리고 실패하였다.

환경오염 독소 자체가 우리가 숨 쉬고 생활하는 환경 속으로 침투하고 몸속으로 들어와서 미토콘드리아 손상을 일으킨다.

환경오염은 물, 농수산물, 육고기 등의 식품을 오염시켜 매일 섭취하는 음식이 오히려 우리 몸의 미토콘드리아 기능을 저하시키고 있다. 그리고 자본주의가 침투한 식생활이 미토콘드리아를 병들게 한다. 따라서 우리의 어머니가 우리를 낳았던 시절보다 현재의 우리는 더욱 미토콘드리아를 공격받는 환경에 놓여 있다.

병이 발생한 후에 치료하는 것은 이미 늦은 것이다. 지금 나의 건강이, 나의 미토콘드리아 건강이 내 몸에서 태어날 아이의 미래 건강을 지켜준다. 우리 아이들에게 '건강'이라는 최고의 선물을 주는 것이다. 아이를 가질 여성, 임신 중인 여성이라면 꼭 양과 질이 우수한 미토콘드리아를 갖고 있어야 한다.

**미토콘드리아 부활로 만성 자가면역질환을 이겨낸 내과의사 테리 훨**

테리 훨(Dr. Terry Wahls) 박사는 만성 자가면역질환인 다발성경화증을 미토콘드리아 병증으로 이해하고, 미토콘드리아 회복을 통해 질병을 극복한 미국인 내과의사다.

그녀는 다발성경화증 진단을 받고 지금까지 알려진 모든 치료법을 시행했지만 상태는 점점 더 악화돼 처음 진단을 받고 3년이 되었을 무렵에는 휠체어에 기대 생활을 할 수밖에 없게 되었다. 본인 스스로가 의사였지만 그녀는 의사들이 처방한 약으로는 평생 동안 침대에 누워 살게 될 수밖에 없음을 인정해야 했다.

그녀는 다발성경화증을 갖게 되면 뇌가 시간이 지날수록 수축된다는 것을 알고 있었기 때문에 다발성경화증만이 아니라 뇌가 수축되는 다른 질병들에 관한 동물실험 연구들을 찾아 읽기 시작했는데, 즉 파킨슨, 알츠하이머, 루게릭병, 헌팅톤병 등에 관한 연구들이었다. 그러면서 이 질병들 모두가 세포 내의 미토콘드리아가 제 기능을 멈추고 뇌 세포의 조기 세포사가 일어남으로써 뇌 수축이 일어난다는 병리 생태를 이해하게 되었다. 그리고 더 많은 조사와 연구를 통해 미토콘드리아 기능을 최대로 향상시키기 위해 필요한 영양소, 비타민, 미네랄의 종류와 양 등을 조사하고 그것을 음식으로 치환하여 섭취했다.

　　결국 그녀는 3개월만에 휠체어에서 일어나 지팡이 하나로 진료실들을 걸어 다니게 되었고, 6개월 후에는 병원 전체를 지팡이 하나로 돌아다닐 수 있게 되었으며, 1년 후에는 자전거로 매일 5마일(약 8km) 거리의 병원을 출퇴근 할 수 있게 되었다. 그리고 이제는 미토콘드리아 및 세포 환경을 살리는 휠 프로토콜(Wahls Protocol)을 만들어 자가면역질환 및 만성질환을 가진 사람들의 건강을 회복하는 데 온 힘을 다하고 있다.

　　휠이 자신의 병을 대상으로 임상하면서 휠 프로토콜을 고안하게 되고 의학계에 받아들여지게 된 과정에 대해서는 2부에서 좀 더 자세하게 다룰 예정이다.

## 미토콘드리아 부활 프로그램, 6336+1 and +1

　건강의 중심에 미토콘드리아를 두고 미토콘드리아에 한참 빠져 있을 때, 이홍규 교수와 테리 휠 박사의 미토콘드리아 기반 의학 이론 및 미토콘드리아 살리기 프로토콜은 내게 근본적인 치료에 대한 구체적인 방향을 제시해 주었다. 조사하고 공부를 하면 할수록 우리 할머니들이 해서 드시던 음식 그대로가 미토콘드리아와 세포 환경을 살리는 최상의 치료라는 것을 이해하게 되었고, 이것을 과학적인 지식의 바탕 위에 현대 생활에서 구체적으로 실천할 수 있는 방안으로 6336+1 and +1 프로그램을 고안하게 되었다.

　6336+1 and +1 프로그램은 미토콘드리아의 기능을 최대로 끌어올리는 음식을 제공하고 미토콘드리아를 공격하는 유해물질들을 해독시키는 음식을 제공하기 위한 미토콘드리아 부활 프로그램이다. 테리 휠은 과학적 배경을 바탕으로 조사하고 연구하며 미토콘드리아 기능을 최대로 향상시키는 데 필요한 영양소, 비타민, 미네랄의 종류와 양을 리스트화 했다. 그리고 이것을 어떤 약물도 사용하지 않고 오직 음식으로 '미토콘드리아 부활 프로그램'을 만든 '테리 휠' 프로토콜은 이미 미국에서 TEDx 토크(Minding your mitochondria)를 통해 센세이션을 일으켰다.

　필자가 휠 프로토콜을 그대로 사용하지 않은 이유는 우리나라 환경과 음식에 맞게 프로그램하기 위함이었을 뿐 바탕은 휠 프로토콜을 따르고 있다. 휠 프로토콜은 우리의 할머니들께서

드시던 음식의 종류와 거의 일치한다.

임신을 하고 나서 건강에 주의를 기울이지 않는 여성은 없다. 하지만 임신하기 전에는 아이를 몇이나 낳을지 정도만 계획한다. 그러나 임신 계획에는 당연히 엄마의 난자를 건강하게 하는 시간이 포함되어야 한다.

이 책은 내 아이에게 그대로 전해 주는 미토콘드리아 건강을 위해 아이를 갖기 전부터 시작해야 할 프로그램을 다룬다. 3개월이면 엄마의 미토콘드리아를 건강하게 만들 수 있다. 거듭 강조하겠지만 내 아이의 평생건강 열쇠는 임신 전 3개월 프로그램 시작에서부터 걸려 있다. 물론 임신 이후에도 계속해서 이어가야 한다.

내 아이의 평생건강이 엄마에게 달려 있다는 사실을 반드시 잊지 말아야 한다.

# CONTENTS

The
miracle
of the
mitochondria

《《《 ------------------------------------------------

제2부

미토콘드리아 부활의 전도사 :
3개월만에 휠체어를 버린 내과의사 테리 휠
이야기

------------------------------------------------ 》》》

온몸으로 임상을 하다

자가면역질환 그리고 휠 프로토콜

## 제 1 부

# 내 아이
## 평생건강을 결정하는
## 엄마의
## 미토콘드리아

# 미토콘드리아 :
# 건강과 질병의 지배자

# 늘고 있는 만성질환과
# 미토콘드리아

하루에 10알 이상 되는 약을 먹고 사는 노인들이 많다. 고혈압, 당뇨, 심부전, 뇌졸중, 심근경색, 고콜레스테롤혈증, 만성 폐질환, 백내장, 위산역류, 관절염, 골다공증, 고관절 골절, 만성 소화불량, 우울증, 불면증, 자가 면역질환, 치매, 파킨슨, 연하장애, 요실금, 치핵 등의 질환 중 보통 3~4가지 이상의 진단명을 가지고 10가지 이상의 약을 먹으며 각 분과의 의사를 찾아다닌다.

2011년 우리나라의 복합질환 현황을 파악한 결과 45%의 외래 환자가 복합질환을 가지고 있었으며, 약 11%의 입원환자가 복합질환을 가진 것으로 나타났다. 노인만이 아니다. 40대부터 비만, 고혈압, 당뇨 등 만성질환에 시달리는 사람들이 늘고 있다.

대학병원의 암환자들도 점점 늘고 있는 추세다. 30~40대 암환자들도 늘고 있는데, 심지어 20대 후반에서 30대 초반의 암

환자들도 늘고 있다. 단순히 노화와 관련하여 암을 생각하기에는 "저 나이에 왜?"라는 질문을 던지게 되는 많은 암환자들이 대학병원을 드나들고 있는 현실이다.

여기서 중요한 점은 21세기를 살아가는 사람들이 '나도 곧 저런 질병으로 고생하지 않을까?'라는 걱정을 갖게 되는 많은 만성질환, 성인병의 중요한 원인으로 바로 '미토콘드리아'라는 존재가 관여하고 있다는 것이다.

미토콘드리아는 세포 속에서 세포가 활동할 수 있는 모든 에너지를 만들어낸다. 이 미토콘드리아가 수행하는 에너지 발전소로서의 기능에 이상이 생기면서 수많은 질병이 발생하는 원인이 된다. 문제는 '미토콘드리아'가 오직 엄마에게서만 받게 되는 모계 유전이며, 엄마의 미토콘드리아 건강이 난자가 수정되는 순간부터 태어날 때까지 아이에게 그대로 전해진다는 것이다. 엄마가 물려준 미토콘드리아의 건강이 아이의 평생건강을 좌우하는 열쇠가 되는 것이다. 아기를 가질 엄마라면 '미토콘드리아'라는 존재에 대해 반드시 알아야만 하고, 어떻게 자신의 미토콘드리아 건강을 지킴으로써 자신은 물론 아이의 건강을 지킬 수 있을지 깊이 고민해야만 하는 이유가 바로 여기에 있다.

'미토콘드리아'라는 단어에서 독자들은 어떤 생각이 드는가? 아마도 고등학교 생물 시간에 들었던 기억이 어렴풋하게 나는 사람들도 있겠지만 대부분은 낯설게 느껴질 것이다.

어쩌면 당연한 일이기도 하다. 미토콘드리아가 주목을 받고 그 중요성이 드러나기 시작한 것 자체가 그리 오래 되지 않았기 때문이다.

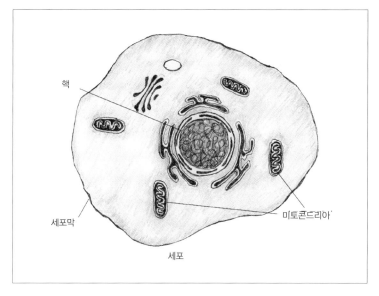

세포 속의 미토콘드리아

미토콘드리아는 아직도 숨겨져 있는 비밀이 많고, 미토콘드리아만이 가진 신기한 특징들이 있다. 그렇지만 미토콘드리아가 우리 몸의 건강과 질병을 지배하는 존재이고, 내가 갖게 될 아이의 20년, 40년 후의 건강을 결정하는 지배자라는 사실을 알게 된다면 '미토콘드리아'라는 단어를 모른 체하고 살아갈 사람은 그리 많지 않을 것이다.

# 세포의
# 에너지 발전소

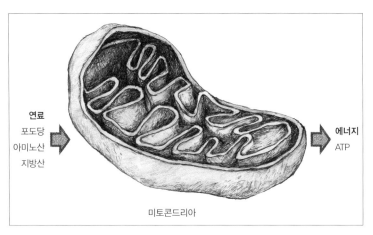

연료
포도당
아미노산
지방산

에너지
ATP

미토콘드리아

영양분을 이용해서 에너지를 만드는 미토콘드리아

미토콘드리아는 세균이나 용수철과 같은 생김새를 가지고 있다. 세포 하나에 평균 300~400개씩 들어 있으며 우리가 사용하는 대부분의 에너지를 세포가 사용할 수 있는 ATP라는 형태로 생산하는 세포의 '발전소'에 해당한다.

'미토콘드리아는 인간이 살아가기 위한 거의 모든 에너지를 만들어낸다.' 미토콘드리아가 생명 활동에 왜 중요한지를 설명하자면 책 한 권이 따로 필요하지만 '인간이 살아가기 위한 거의 모든 에너지를 만들어낸다.'는 이 한 문장으로 모든 설명이 가능하지 않을까 싶다.

미토콘드리아 없다면 어떤 일이 벌어질까?

손가락 하나도 까딱할 수 없다.

머릿속에서 하는 모든 생각은 중단된다.

호흡은 멈춘다.

심장 박동은 정지된다.


미토콘드리아가 만들어내는 에너지의 원동력 때문에 수십억 년 전 생명의 기원에서 시작하여 복잡세포, 다세포 생물을 거쳐 몸집의 대형화와 성의 분화가 이루어지고, 정온동물이 출현하고, 노화와 죽음에 이르는 진화의 궤적이 이루어졌다.(3)

세포에는 유전자를 가진 핵뿐만이 아니라 세포 기능을 위해 필요한 여러 가지 소기관이 있는데, 그 중에서 미토콘드리아는 세포의 에너지 기능을 담당하는 기관이다. '에너지 발전소' 또는 세포의 '엔진'이라고 표현하면 좀 더 쉽게 와 닿을 것이다.

세포는 일을 하기 위해 에너지가 필요하다. 근육세포는 수축해야 하고, 신경세포는 신호를 받아들이고 출력하는 일을 하고, 심장세포는 끊임없이 혈액을 펌프질해야 하고, 신장세포는 혈액을 거르는 일을 해야 한다. 또 세포분열을 통해 성장도 해야 하고, 호르몬과 세포막 등 우리 몸의 필수 성분도 만들어야 하는 등 생명을 유지하고 증식하는 수많은 생리적 기능을 수행해야 한다. 이 모든 일에는 당연히 에너지가 필요하다.

우리가 섭취한 음식물은 입, 식도, 위, 소장을 거치면서 포도당, 아미노산, 지방산 등으로 분해되고 소장에서 흡수되어 우리 몸 곳곳의 세포로 이동, 흡수된다. 하지만 세포는 포도당, 아미노산, 지방산 자체를 에너지원으로 사용할 수 없다. 'ATP<sup>(아데노신 삼인산)</sup>'라는, 마치 에너지 저장 벽돌과 같은 형태가 만들어져야 비로소 세포가 에너지로 사용할 수 있게 된다. 즉 ATP는 세포가 실제로 사용할 수 있는 에너지 통화<sup>(currency)</sup>, 돈이나 금괴와 같다고 생각하면 된다. 미토콘드리아가 실제로 이 기능을 담당하는 것이다.

미토콘드리아는 포도당, 지방산, 아미노산의 영양분들과 우리가 숨을 쉴 때 들이마시는 산소를 이용해 세포가 필요로 하는 에너지 동력인 ATP를 만들어낸다. 자동차의 엔진이 휘발유로 에너지를 만들어 자동차를 움직이는 동력을 만들어내는 것과 비슷하게 생각할 수 있다. 엔진이 없이 휘발유만 넣어준다고 자동차가 움직일 수 없는 것과 같은 이치다.

미토콘드리아가 없으면 세포는 영양분을 통해 필요한 만큼의 에너지를 얻지 못하게 되고 결국 모든 기능이 정지하게 된다. 미토콘드리아는 곧 우리의 생명 엔진과 같은 것이고, 세포의 에너지 발전소인 것이다.

# 기능에 따라 미토콘드리아
# 엔진 성능은 최대 18배

세포가 ATP라는 에너지를 만드는 데는 크게 두 가지 경로가 있다. 처음에 세포는 한 분자의 포도당을 흡수하면 산소와 미토콘드리아를 모두 사용하지 않고 2개의 ATP 에너지를 만들어낸다. 그리고 그 이후 미토콘드리아가 산소와 영양분을 이용한 세포호흡 작용을 통해 최대 36개의 ATP 에너지를 만들어내게 된다. 따라서 세포는 포도당 한 분자를 이용해 최소 2개에서 최대 38개의 ATP 에너지를 만들 수 있다.

하지만 세포는 미토콘드리아를 사용할 수 없는 어떤 상황이 되면 세포 스스로 선택해 흡수된 포도당 한 분자로 2개의 ATP만을 생산해 사용할 때도 있다. 예를 들어 단거리 달리기를 할 때나, 운동선수가 숨을 참고 무거운 바벨을 연거푸 들어 올릴 때 등이다. 이 때는 미토콘드리아를 통한 세포호흡을 이용해 에너지를 생성할 시간이 없다. 아주 빠르게, 산소 없이, 미토콘드리아 없이 ATP 2개라도 만들어 세포에 에너지를 공급해야 하는 위급상황이다. 빠른 에너지 공급이 더 중요하기 때문에 우리 몸의 세포가 선택을 하는 것이다.

하지만 이것은 오래 지속될 수 없는 저효율 에너지 공급이다. 단시간의 위급상황에서 세포가 선택해 사용하는 에너지 생성 방식인 것이다. 저효율 에너지 생성으로는 오랜 시간 세포가 필요한 에너지를 감당할 수 없다.

저효율 에너지 생성의 대표주자가 암세포이다. 암세포는 미토콘드리아가 있어도 이용하지 않는 특이한 성질을 가지고 있다. 암세포들은 산소도, 미토콘드리아도 이용하지 않고 소량의 ATP를 생성하는 에너지대사만 한다. 그 이유에 대해서는 확실한 원인이 밝혀지지 않았지만 암세포는 매우 빠르게 성장 및 세포분화를 해야 하고, 또한 주변에 혈관이 없는 무산소 환경에 처해 있는 경우가 많기 때문에 암세포 스스로가 선택한 에너지대사일 것으로 추정하고 있다. 즉 아주 빨리 에너지를 만들어 암세포 자신의 성장을 위해 공급을 하고, 유산소 환경이든 무산소 환경이든 상관없이 살아남기 위한 생존 전략일 수 있다. 사실 암세포는 미토콘드리아를 사용하지 않는, 에너지 효율이 매우 낮은 매우 불완전한 세포인 것이다.

그렇다면 세포가 미토콘드리아를 사용할 수는 있으나 미토콘드리아가 기능이 시원치 않으면 어떻게 될까? 예를 들어, 미토콘드리아를 사용해도 10개라든지 8개의 ATP 에너지만 만들어내게 된다면 말이다. 세포는 미토콘드리아까지 이용하여 최대

38개의 ATP 통화를 만들어낼 수 있는데, 미토콘드리아가 제대로 기능을 하지 못하는 세포는 최고의 기능을 가진 세포에 비해 에너지효율이 최대 18배 차이가 난다.

이것은 물론 아주 단순하게 설명한 예이기는 하지만 같은 휘발유의 양으로 에너지 효율이 5배, 10배, 18배 차이가 나는 엔진을 가진 자동차를 상상해보자. 미토콘드리아가 제 기능을 하는 세포와 그렇지 못한 세포의 에너지 효율의 차이가 이렇게 크다는 것이다.

우리 몸은 세포가 필요한 에너지 요구량에 맞게 에너지를 공급하기 위해 치열하게 일한다. 하지만 미토콘드리아 기능이 시원치 않은 세포는 음식을 아무리 많이 먹어도 기아에 허덕이고, 세포가 필요로 하는 에너지 요구량을 만족시킬 수 없게 된다. 설상가상으로 우리 몸의 에너지 요구량에 미치지 못한다는 신호는 기능이 나쁜 미토콘드리아를 더 쥐어짜서 일을 시키게 되고, 미토콘드리아 기능은 더 나빠지게 된다. 악순환이 일어나고 몸의 각 기관은 심각한 에너지 기아 상태가 된다. 그리고 견디고 견디다 더 이상 못 버틸 때는 질병이 밖으로 표출된다.

그런데 문제는 미토콘드리아의 에너지 생성이 우리가 24시간 동안 모든 활동을 할 수 있도록 하는 에너지원이라는 것이다. 따라서 질병이 밖으로 표출되지 않는다고 해도 직장에서 일할 때, 친구와 대화할 때, 친구들과 뛰어놀 때, 집중해서 공부를 해야 할 때, 잠을 잘 때, 음식을 먹을 때 등 모든 일상 활동이 순

조롭지 못하고 미세한 증상이 생기거나 비실댈 수밖에 없다. 미토콘드리아는 모든 활동에 필요한 에너지원이기 때문이다.

## 약 10만 개의 미토콘드리아를 가지고 있는 난자

우리 몸의 세포는 엔진을 한 개씩만 가지고 있는 게 아니라 수십 개에서 수천 개를 가지고 있다. 세포가 가진 미토콘드리아의 개수는 당연히 각 세포가 얼마나 많은 에너지를 필요로 하느냐에 달려 있다.

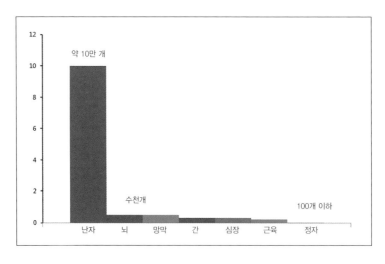

각 기관 세포의 미토콘드리아 보유 수 그림

여성의 난자에는 무려 10만 개의 미토콘드리아가 있다. 당연히 다음 세대를 만드는 매우 중요한 기능으로 인해 최고로 많은 미토콘드리아 엔진을 보유하고 있는 것이다. 남성의 정자에는 꼬리 부분에 보통 100개 이하의 미토콘드리아를 가지고 있는데, 정자의 미토콘드리아의 역할은 난자를 만나기 위해 헤엄쳐 가는 원동력으로 쓰이는 정도이기 때문이다.

　반면 많은 에너지를 필요로 하는 뇌세포와 망막에는 수천 개의 미토콘드리아가 있고, 피부세포와 적혈구에는 아주 적거나 아예 없다. 성인 한 사람이 가진 미토콘드리아의 개수는 약 1경 개 정도이고, 몸무게의 10퍼센트 정도라고 한다. 어마어마하게 많은 에너지 발전소를 우리 몸에 지니고 있는 것인데, 그 중에서도 난세포는 모든 세포들 중에서도 가장 많은 엔진을 보유하고 있는 것이다.

# 유일하게 독자적인 DNA를 가지고 있는 미토콘드리아

DNA는 유전 정보이다. 우리가 보통 알고 있는 것처럼 이 유전 정보는 세포의 핵에 들어 있다. 그런데 세포의 핵이 아닌 세포 내에서 둥둥 떠다니는 수십 수천 개의 미토콘드리아가 유일하게 독자적인 DNA를 가지고 있다는 것은 흥미로운 일이다. 미토콘드리아는 유일하게 세포핵의 DNA 컨트롤 외에도 자신들이 독자적으로 컨트롤하는 DNA를 가지고 있는 것이다.

왜 그래야만 할까? 그만큼 미토콘드리아의 기능이 긴박하게 조절되어야 한다는 뜻이다. 예를 들어 큰 빌딩에 화재가 났다고 해보자. 우리는 화재가 났음을 대통령에게 보고하고 불을 끄라는 지시를 받지는 않는다. 119에 전화를 하면 가장 가까운 소방서에서 장비를 가지고 신속하게 출동해 화재 진압에 착수한다.

미토콘드리아는 우리 몸이 사용하는 대부분의 에너지를 생산한다고 하였다. 그리고 이 에너지가 없으면 우리 몸의 모든 기능도 꺼지게 된다. 그렇기 때문에 미토콘드리아에 문제가 일어났을 때 수리를 해야 된다든지, 미토콘드리아의 숫자를 조절해야 한다든지, 미토콘드리아에 있는 어떤 요소가 말썽을 일으킨다든지 할 때 문제가 있는 미토콘드리아에만 빨리 수정을 가하거나 복제가 되거나 하는 일들이 일어나야 한다.

세포에는 수십 개에서 수천 개의 미토콘드리아가 있는데, 이때 각 미토콘드리아가 보유한 DNA로 각기 다르게 각 미토콘드리아의 상태에 따라 조절을 하고 반응할 수 있는 것이다.

미토콘드리아가 독자적인 DNA를 가지고 있는 것은 법의학에서도 또한 유용하게 활용된다. 한 세포 안에 수십 수천 개의 미토콘드리아가 있고 각 미토콘드리아에는 같은 유전자가 다섯 개에서 열 개가 들어 있기 때문에 아주 소량의 체액이나 기타 인체 일부로도 미토콘드리아 유전자를 추출하지 못하는 경우는 거의 없다.

# 미토콘드리아는
# 엄마의 선물

>>

아이가 태어나기 위해서는 엄마와 아빠가 있어야 한다. 엄마와 아빠가 다 있어야 하는 가장 큰 이유는 DNA 때문일 것이다. 보통 사람들의 체세포에는 쌍으로 이루는 DNA를 가지고 있지만 난자의 DNA와 정자의 DNA는 쌍이 아닌, 쉽게 이야기하면 반쪽 DNA를 가지고 있다. 그래서 난자와 정자의 DNA가 만나 다시 한 쌍의 DNA를 갖게 되는 것이다. 이렇게 해서 우리는 엄마와 아빠로부터 유전형질을 반반씩 받게 된다.

그런데 미토콘드리아의 DNA는 엄마의 난자에 있는 것만 받게 된다. 생명 에너지의 근원인 미토콘드리아를 엄마의 난자로부터만 받는 것이다. 아래 그림을 통해 볼 수 있는 것처럼 정자의 꼬리에 있는 미토콘드리아는 수정이 될 때 떨어져 나가고 핵만 난자 속으로 파고들어가기 때문이다.

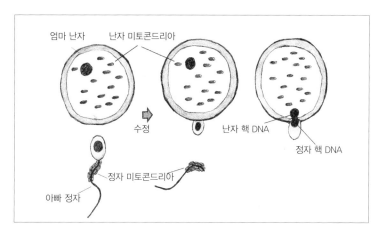

엄마의 미토콘드리아만 수정란에 전달

　모든 DNA, 즉 유전자는 세포의 핵 안에 들어 있다. 하지만 미토콘드리아는 유일하게 스스로 미량의 DNA를 보유하고 있고, 미토콘드리아의 DNA는 오로지 엄마 난자의 DNA만 수정란에 유전된다. 정자의 미토콘드리아는 수정란 안으로 들어가지 못하기 때문이다. 일부가 들어온다고 해도 수정란에서 처리해 제거하고 사용하지 않는다.

　미토콘드리아 스스로 DNA를 보유하고 있다는 것도 놀라운 일이지만 이것이 난자를 통해 모계 유전된다는 것은 더욱 신기하고 흥미로운 일이다. 다른 모든 것들은 엄마와 아빠의 유전자 반씩 자녀에게 돌아가지만 미토콘드리아만큼은 엄마의 것만 유전된다. 미토콘드리아는 오직 엄마의 것이다. 엄마에게서 받은 미토콘드리아 유전체를 가지고 평생을 복닥거리며 살아가는 것이다.

엄마는 역시 엄마이다. 우리에게 생명 에너지 발생의 근원을 선물해 주는 것이다. 생명의 기운을 불어 넣어주는 미토콘드리아는 엄마의 난자에서만 받는다. 수정체가 분열하고 엄마의 뱃속에서 기관들이 만들어지고, 태아가 되고, 태어나서 성인이 되어 자라고 나이 들고 죽기까지 일련의 과정이 미토콘드리아 없이는 이루어질 수 없는 엄마의 선물인 것이다. 그렇기 때문에 수정란을 가질 때의 엄마 난자에 있는 미토콘드리아의 건강이 매우 중요하다. 이에 대해서는 뒤에서 다시 자세히 이야기할 예정이다.


올해에도 영국에서 난세포질 이식이라는 불임 시술법으로 태어난 아기가 뉴스를 타고 소개되었다. 이것은 엄마 난자 핵의 유전자에는 문제가 없으나 난자의 미토콘드리아에 이상이 있는 유전병이나 기능 이상으로 아기를 가질 수 없는 경우, 미토콘드리아 불임 여성의 세포핵을 건강한 여성의 난자에서 핵을 제거하고 넣어 정자와 수정시키는 방법이다.

이 경우 태어난 아이는 두 명의 엄마의 유전자를 갖게 되는 셈이다. 공여자의 미토콘드리아 유전자와 미토콘드리아 병증을 가지고 있는 엄마의 핵 유전자 이렇게 말이다. 미토콘드리아가 모든 에너지의 근원이고 이것 없이는 태아가 성장할 수 없는 것이기 때문에 태어난 아이는 핵 유전자를 준 엄마와 미토콘드리아 유전자도 공급하고 태아가 성장할 수 있도록 난세포의 미토콘드리아를 공급해준 엄마 모두를 무시할 수 없는 입장이다. 그렇다면 이 아이는 누구의 아이일까?

난세포질 이식시술은 수정란이 생기고, 배아가 되고, 태아가 되고, 세상 밖으로 나오기까지 엄마의 난자 미토콘드리아가 얼마나 중요한지를 단적으로 보여준다. 난자의 미토콘드리아 없이는 생명이 태어날 수 없다.

# 세포의
# 사형 집행자

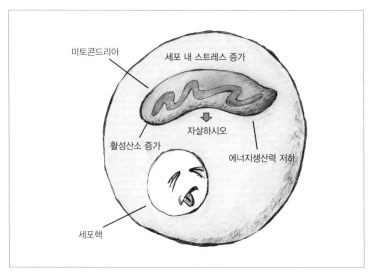

세포자살을 명령하는 미토콘드리아

　미토콘드리아는 에너지 발전소의 역할 외에도 중요한 몇 가지 일을 담당하고 있다. 그 중 하나가 예정된 세포사 (programmed cell death)를 조절하여 세포의 삶과 죽음을 결정하는 사형 집행자의 역할을 하는 것이다. 이를 세포자살(apoptosis)이라고 부르기도 한다.

이것이 밝혀진 것이 1990년대 중반에 이르러서였다. 우리 몸에서는 매일 약 100억 개의 세포가 죽고 새로운 세포로 채워지는 일들이 이루어지고 있는데, 이 100억 개의 사멸하는 세포는 그냥 죽는 것이 아니다. 자살 프로그램에 의해 미토콘드리아의 명령이 떨어지면 죽는 것이다.

여러 가지 세포에 주어지는 스트레스로 인해 ATP 생성 수준이 한계치 이하로 떨어지게 되면 세포는 처형된다. 이것의 결정권자가 미토콘드리아이다. 미토콘드리아가 자살하라는 신호를 세포에 내리는 것인데, 이와 같은 세포자살이 있기 때문에 새로운 세포들이 다시 태어날 수 있다.

세포자살은 세포분열과 균형을 이루며 우리 몸을 쇄신시킨다. '세포자살(apoptosis)'이라고 불리는 세포의 죽음에 대한 결정권자가 세포의 핵이 아니라 세포 내 기관인 미토콘드리아라는 것은 과학자들을 당혹스럽게 만들기도 했다. 이 세포자살 신호에 제대로 응하지 않고 독립적으로 살림을 꾸려서 암(cancer)이 되기도 한다.

따라서 미토콘드리아와 세포 사이에는 긴밀한 커뮤니케이션이 있고, 이 커뮤니케이션이 잘못되면 세포의 기능, 세포의 자살과 성장 모두에 이상을 일으키는 것이 당연한 일이다. 그리고 이 긴밀한 커뮤니케이션의 모스부호 같은 신호가 바로 활성산소이다.

# 미토콘드리아의 매연, 활성산소

근래 건강 프로그램을 통해 '활성산소'라는 단어에 대해 많이 들어보았을 것이다. 활성산소가 노화를 촉진한다거나 활성산소가 만성 염증을 일으킨다거나 퇴행성 질환을 일으킨다거나 질병의 원인이라는 등등 활성산소는 매우 나쁜 것이고, 이것을 줄이기 위해 항산화제를 섭취해야 한다는 이야기들이 많다. 또 실제로 무언가 건강보조제를 먹고 있는 분들도 많을 것이다.

이 활성산소는 미토콘드리아가 세포의 에너지원을 생산하는 필수적인 일을 하면서 어쩔 수 없이 배출하는 불똥, 매연 또는 쓰레기와 같은 것이다. 활성산소도 미토콘드리아가 발생시키는 것으로, 이 활성산소가 미토콘드리아의 매우 중요한 기능인 세포의 사형 집행자 역할을 수행하는 신호탄으로 작용한다! 활성산소의 신호가 없으면 세포자살을 할 수 없다!

## 활성산소 : 세포 교정과 세포자살의 신호탄으로 꼭 필요한 존재

우리 몸은 매일 약 100억 개의 세포가 죽고 새로 만들어지는 일이 반복된다고 했다. 100억 개의 세포는 그냥 죽는 것이 아니라 죽어야 하는 것들이, 죽어야 한다는 신호에 의해서 죽는 것이다. 이 죽어야 한다는 신호가 미토콘드리아의 에너지 생성 과정에서 나오는 활성산소이다. 활성산소가 없으면 죽어야 할 세포를 죽도록 하는 신호가 없어지는 것과 마찬가지이다. 활성산소가 신호를 해 줘야 하는데, 그 신호가 없어진다면 그것은 더 큰 문제이다. 활성산소의 양에 의해 세포자살이 조절되는 것이기 때문이다.

활성산소를 쓰레기라고 한다면, 활성산소가 많이 나오는 세포는 미토콘드리아 기능에 심각한 이상이 있다는 뜻이다.

그렇다면 세포가 죽어야 할 정도는 아니지만 미토콘드리아 에너지 생성 기능이 좋지 않은 경우는 어떠할까?

기능이 좋지 않은 미토콘드리아만 활성산소가 제거하게 된다. 그러면 그 자리를 새로운 미토콘드리아가 채울 수 있는 것이다. 즉 자기 교정을 할 수 있는 기회가 생기는 것이다. 또는 미토콘드리아가 에니지를 생성하는 데 필요한 어떤 요소가 모자라서 삐걱거리고 있을 때는 활성산소에 의한 자극이 전달되어 미토콘드리아 DNA를 통해 그 요소가 빨리 만들어지도록 조절할 수 있게 된다. 따라서 세포는 에너지 생성이라는 중대한 사명을 실행하기 위해 세포 안의 활성산소의 양에 민감해야한다.

'자기교정'과 '세포자살'이라는 세포의 커뮤니케이션과 항상성의 담당자는 바로 활성산소이다. 따라서 우리 몸에서 자연적으로 형성되는 활성산소를 모두 없애야 한다고 이야기한다면 그것은 큰 오류이다. 실제로 우리 몸은 필요 이상의 항산화제는 스스로 제거해 버린다. 왜냐하면 '자기교정'과 '세포자살'의 커뮤니케이션을 교란시키기 때문이다.

세포 안의 쓰레기 증가는 세포를 쇄신시켜야 한다는 신호인데, 쓰레기를 나오는 족족 없애버리면 죽어야 할 세포가 죽지 않고, 자기 교정을 해야 하는 세포가 교정을 못하고, 병든 세포들이 그대로 살아서 더 큰 문제를 만들게 된다. 즉 쓰레기가 나오는 근원을 없애야지 쓰레기만 치워서 될 일이 아닌 것이다.


## 활성산소 : 세포 기능 손상, 노화와 퇴행성 질환, 만성 염증의 원인

활성산소는 '세포 교정'과 '세포자살'의 신호탄으로 꼭 필요한 존재이지만 스스로가 안정화되기 위해 산화할 수 있는 주변 구조물들을 공격한다. 그것은 가까이 있는 미토콘드리아 DNA일 수도 있고, 세포의 핵일 수도 있다. 또는 세포 내 다른 소기관일 수도 있다.

세포 내의 유전자들은 평생 동안 끊임없이 활성산소의 공격을 받는다. 대개는 별 문제를 일으키지 않지만 심각한 손상을 계속 받게 되면 노화와 각종 퇴행성 질환을 일으키고 많은 유전 질환, 미토콘드리아 질환을 일으킨다.

미토콘드리아가 활성산소에 의해 계속 공격을 받게 되면 에너지 생성 기능에도 문제가 생길 수밖에 없다. 또한 악순환을 일으키면서 미토콘드리아의 기능이 나빠질수록 발생시키는 활성산소의 양도 더욱 늘어나게 된다. 엔진 불량의 자동차를 계속 굴리면 매연이 심하게 발생하고 엔진도 계속 더 무리가 가해지는 것과 같다. 에너지 생성 능력은 점점 떨어지고 미토콘드리아 스스로와 세포핵을 공격하는 활성산소는 두 배, 세 배 점점 더 많이 만들어내는 것이다.

미토콘드리아 DNA가 공격을 받으면 불량 미토콘드리아를 생성하게 되고, 그 기능은 점점 더 엉망이 된다. 기능이 극히 엉망이 되면 세포자살로 세포 자체를 제거해버리지만 세포자살까지 가지는 않은 세포와 미토콘드리아는 그럭저럭 견디기는 하지만 그 기능이 점점 저하되어 역치 이하가 되면서 각 기관에 병증이 표현되어 나타나기 시작한다.

미토콘드리아 기능과 활성산소는 맞물려 돌아가는 톱니바퀴와 같다고 할 수 있다.

미토콘드리아 :

만성질환의 뿌리

이홍규 교수는 당뇨병과 미토콘드리아와의 상관관계를 밝혀 낸 대한민국의 세계적인 석학이다.(6) 이홍규 교수는 미토콘드리아의 손상이 인슐린 저항성을 일으키고 당뇨의 원인이 됨을 밝혀 왔다. 하지만 당뇨만이 아니다. 만성 복합질환의 일종인 만성 대사증후군도 전신 장기들에 나타나는 미토콘드리아 기능이상 증후군으로 이해되어야 한다는 미토콘드리아 기반의 학을 내놓았다.(7, 8)

미토콘드리아 기능이상이 원인으로 알려진 여러 병적 상태는 만성 대사증후군과 그 합병증들뿐만이 아니다. 치매, 파킨슨, 루게릭 등의 만성 퇴행성 뇌질환 및 만성 자가면역질환, 근골격계 질환, 호흡기 질환 그리고 암까지도 미토콘드리아 이상으로 인한 병증으로 이해되고 있다.(7-9) 따라서 미토콘드리아를 건강하게 하는 것이 복합질환을 이기는 최선의 방법이라고 이홍규 교수는 이야기한다.

우리 몸에서 미토콘드리아의 기능이상 및 수의 감소, 그에 따른 세포의 조기사<sub>무期死</sub>는 당뇨병과 대사증후군, 그에 따른 합병증들인 심부전, 신부전, 뇌졸중, 관상동맥 질환의 원인이 되고 만성 퇴행성 뇌질환인 치매, 파킨슨, 루게릭병, 만성 근골격계 질환, 자가면역질환, 만성 호흡기질환, 만성 퇴행성질환 및 암 등의 원인으로 이해될 수 있다.

앞에서도 이야기하였지만 우리 몸은 세포가 필요한 에너지 요구량을 맞추기 위한 치열한 전쟁터이다. 그런데 미토콘드리아 기능이 시원치 않은 세포는 열량이 높은 음식을 많이 먹어도 기아에 허덕이듯이 굶주리고, 세포가 필요로 하는 에너지 요구량을 만족시킬 수 없게 된다.

혈액에 당이 많은데도 미토콘드리아가 당분을 제대로 이용하지 못하는 것이 당뇨이고, 모자라는 에너지를 높이기 위해 세포는 조금이라도 산소나 영양분을 더 받기 위해 혈관 벽을 두텁게 하거나 좁게 하여 혈압을 높여 고혈압을 만든다. 또한 심장 근육의 미토콘드리아 기능이상으로 에너지 생성량과 요구량이 줄어들게 되고 그것이 오랫동안 적응이 되면서 심장 조직으로 가는 혈관의 크기도 줄어들어 동맥경화증이 생기기도 한다.(10) 미토콘드리아 기능저하로 에너지 생성량이 충분치 못한 경우, 에너지가 열로 소실되는 것을 막기 위해서 복부에 피하지방을 쌓아 비만을 만든다.

뇌세포처럼 더 이상 세포분열을 하지 않고 어릴 때 형성된 뇌

세포의 수가 평생 유지되는 기관은 에너지 요구량에 심하게 따라가지 못하는 세포들은 죽음을 맞이하고, 그에 따라 줄어드는 뇌세포 수로 인해 뇌는 수축하고 퇴행성 질환이 된다. 즉 한 가지 병이 한 가지 원인에 의해 따로 생기는 것이 아니라 미토콘드리아 기능이상, 기능저하 또는 수의 감소로 에너지 생성을 제대로 못하고 에너지 요구량을 만족시키지 못함으로 인해 우리 몸은 살기 위해 몸부림을 치거나 그 상태에 적응하게 되고 그 결과들이 당뇨, 고혈압 동맥경화, 비만, 퇴행성 뇌질환 등으로 나타나는 것이다.

즉 미토콘드리아가 어느 한계점까지 버티다가 그 한계를 넘어서면서 도미노처럼 무너져 갈 때 각 기관의 질병이 밖으로 표현된다. 따라서 이홍규 교수도 만성병, 성인병이라 불리는 질병들은 각각의 다른 질병 치료로 볼 것이 아니라 미토콘드리아의 에너지 생성 능력을 회복시키는 전인적인 치료로 가야 한다고 이야기한다.

미토콘드리아의 기능저하 및 수의 감소가 만성병의 원인이라면 미토콘드리아의 기능을 저하시키는 원인은 무엇일까? 미토콘드리아 스스로 발생시키는 활성산소가 가장 큰 이유가 될 것이다. 그런데 이 활성산소가 문제가 될 만큼 많이 발생되는 이유는 다시 미토콘드리아 엔진 자체가 불량할 때이다. 다시 원점으로 돌아가서 미토콘드리아 엔진이 왜 불량해지는가는 미토콘드리아를 공격하는 무언가가 몸에 계속 들어올 때이다. 자동차에 질 나쁜 휘발유를 넣거나 엔진오일을 사용할 때, 또는 엔진의 수명이 다했을 때 고장이 나는 것과 비슷하다.

몸 속에 쓰레기를 잔뜩 넣어줄 때 미토콘드리아 엔진은 불량해진다. 몸에 좋지 않은 음식, 담배, 환경오염으로 인한 각종 환경호르몬과 독성물질, 여러 가지 약품 등이 미토콘드리아를 공격한다. 그리고 나이가 들면, 즉 40대 중반 이후가 되면 미토콘드리아 기능은 자연적으로 급격히 떨어지기 시작한다.

여기서 가장 중요한 한 가지가 태어날 때부터 미토콘드리아 기능이 좋지 않은 것인데, 이는 자동차마다 각기 엔진의 파워가 다른 것과 비슷하다. 즉 엄마에게서 받은 미토콘드리아 기능이 좋지 않거나, 태아기에 불량한 영양이나 환경 독소에 의해 미토콘드리아 기능이 저하된 상태로 태어나는 경우이다.(10)

- 태아기 : 엄마 난자로부터 유전, 불량한 영양, 환경독소의 공격
- 태어난 이후 : 불량한 영양, 담배, 환경독소, 약품의 공격, 나이

아래의 그래프는 이홍규 교수가 연령에 따른 미토콘드리아 에너지 생성 능력 및 기능 감소 모델로 제시한 그림을(7) 난자에서 수정란, 태아 그리고 출생 후까지의 일생을 더욱 단순화 하여 표현한 것이다.

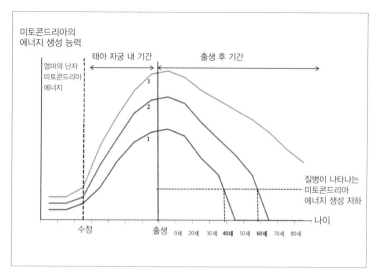

일생 동안 미토콘드리아의 에너지 생성 능력

　수정란의 미토콘드리아 에너지는 엄마의 난자 미토콘드리아 에너지에서 시작된다. 그림에서 보면 태어나는 아이의 미토콘드리아 에너지 생성 능력은 수정 이전 엄마의 난자에서부터 시작된다. 엄마의 난자에 있는 약 10만 개의 미토콘드리아가 얼마나 건강한가에 따라 수정 이후 신체기관이 발생하고 태아가 자라나는 시작점이 된다.

　수정 이후에는 엄마 자궁에서 자라는 동안 태아의 에너지는 최대치까지 끌어올려져서 태어나게 되는데, 엄마 자궁 안에서의 환경이 어떠했는가, 영양이 충분했는가, 좋은 영양이 들어오고 있는가, 환경호르몬에 얼마나 노출이 되었는가에 따라 보유하고 태어나는 에너지에 차이가 크다.

골프를 칠 때 공을 최대한 멀리 날리기 위한 샷 장면을 상상해보자. 바른 동작으로 높고 아주 힘 있게 날린 공은 포물선을 그리며 가장 멀리 날아가 떨어질 것이다. 반면 힘없이 낮게 친 공은 얼마 날아가지 못한다. 공을 힘차게 날려주는 것이 엄마의 난자 에너지이다.

그림에서 1번의 예는 엄마 난자로부터의 에너지 시작이 낮거나 태아기 자궁 내에서 성장하는 동안 충분하지 않은 영양이나 환경독소에 의해 미토콘드리아 에너지 생성 능력을 낮게 가지고 태어나는 경우이다. 반대로 3번의 예는 엄마의 난자에서부터 태아기를 거쳐 에너지 생성 능력을 많이 가지고 태어난 경우인데, 1번과 3번 아이는 출생 후에 시작하는 에너지의 역량 자체에서 차이가 크다.

또 주목해야 할 것은 출생 후 급속한 성장기에 미토콘드리아의 에너지의 증가가 잠시 있지만, 결국은 10대 후반부터는 누구나 미토콘드리아 기능이 떨어지게 되어 있고, 40대 중·후반이 되면 더욱 급격히 떨어지게 된다. 즉 태어날 때 가지고 태어난 에너지 생성 능력이 거의 평생에 걸친 에너지 능력을 결정짓는다. 그리고 미토콘드리아의 에너지 생성 능력이 어느 한계치 이하로 떨어지면 질병이 표현되기 시작한다.

물론 출생 후에 미토콘드리아 기능이 떨어지는 데는 개인차가 있고 그 차이는 개인의 생활 방식에 의해 달라지고 결정되어진다.

　그럼에도 얼마나 많이 가지고 태어나느냐는 출생 후 기울기에 큰 영향을 미칠 수밖에 없다. 얼마나 공을 힘 있게 높이 띄워 주었는가는 날아가는 공에 바람이 불어 방해가 생길 때 공이 떨어지는 각도에 영향을 주는 것과 비슷하다.

　그림에서 설명하고자 하는 것은 태아의 에너지 시작점이 엄마의 난자에서부터라는 것이다. 엄마의 난자에서 시작이 되고, 수정란이 되고, 엄마의 자궁에 있는 태아 기간을 거쳐 태어날 때 이미 미토콘드리아 에너지가 결정된다.

　따라서 이홍규 교수 역시 위 그림을 제시하면서 가임기 여성들, 젊은 여성들의 건강이 매우 중요성하다고 강조하고 있다. 미토콘드리아 건강이 만성질환, 성인병 등에 큰 영향을 끼치지만 바로 그 미토콘드리아의 시작이 엄마이기 때문이다.

# 내 아이 평생건강 결정하는
# 엄마의 미토콘드리아

# 미토콘드리아의
# 질과 양은 엄마의 유산

엄마의 난자에게서 받는 미토콘드리아의 질과 양 그리고 태아 때의 영양적, 환경적 요인에 의한 미토콘드리아의 손상은 태어난 뒤 미토콘드리아 상태에 매우 큰 영향을 준다. 즉 엄마의 미토콘드리아가 건강하지 않으면 태어나면서부터 미토콘드리아의 숫자가 적거나 성능이 좋지 않은 미토콘드리아를 가지고 태어나게 된다. 태어날 때부터 가난한 미토콘드리아를 가지고 태어나게 되는 것이다.[7] 엄마로부터 받은 미토콘드리아 자체의 기능이 좋지 않을 수도 있고, 태아기에 유해한 환경에 노출되거나 영양 불량으로 인해 결국은 태어나면서부터 미토콘드리아 기능이 좋지 않은 경우이다.

그런데, 문제는 아이를 갖기 전의 여성의 건강, 생활 습관 등은 아이를 가진 후에 급격히 바뀌지는 않는다는 점이다. 즉 임신 이후 자궁 내에서의 태아의 미토콘드리아 건강은 결국 임신 전 여성의 건강과 연결될 수밖에 없다.

여성의 난자 미토콘드리아 건강은 태어날 아이의 미토콘드리아 건강으로 이어지는 순환 고리에 있다. 여성 개인의 건강 문제에서 끝나는 것이 아니다. 가난한 미토콘드리아를 가지고 태어난 사람은 골골거리는 미토콘드리아를 가지고 평생을 살아야 하고 그 미토콘드리아는 다음 세대로 또다시 유전된다.

임신 중 영양 상태가 태아의 성인기 질병과 깊은 관계가 있다는 사실을 명확하게 보여 준 예가 있다.

1944년 겨울, 네덜란드는 독일에 점령당한 처지였지만 네덜란드인들은 이에 굴복하지 않았다. 독일은 끝까지 굴복하지 않고 저항하는 네덜란드인들에 대한 보복으로 6개월 간 식량 공급을 끊고 봉쇄했다. 1944년 11월부터 1945년 5월까지 사람들의 하루 섭취 열량은 약 400~500칼로리로 성인의 일일 권장섭취량의 4분의 1에 불과했다. 수천 명이 굶어 죽었다.

그런데 문제는 이와 같은 심각한 영양실조 상태에서 임신을 한 여성에 의해 태어난 사람들은 성인이 되었을 때 조기에 성인병에 걸리거나 심혈관계 질환과 유방암의 발병 위험이 높았다는 것이다. 1980년대 영국인 의학자이며 역학자인 니콜라스 해일스와 데이브드 바크가 면밀한 역학조사를 통해 이에 대한 상관관계를 밝혀내고 '태아 프로그래밍 가설' 또는 '절약형질 가설'을 내놓았다.[13] 이것은 당뇨나 심혈관질환, 암 등이 태아 때 엄마에게서 받는 영양과 나쁜 환경으로 인해 영구적으로 몸의 구조와 대사를 프로그램하고(programming) 성인기에 만성질환에 취약한 형질이 되게 한다는 것이다.

2000년도에 네덜란드 의사 테사 로즈붐은 또다시 놀라운 사실을 발표했는데, 임신 시에 영양실조로 태어난 여성들이 성인이 되어 임신을 했을 때 그 자녀들의 성인병 및 유방암 발병률도 높았다는 것이다. 풍족하게 영양을 섭취한 세대임에도 3대에까지 악영향이 있었고, 4대까지도 영향이 이어지는 것을 관찰하였다.(14)

'절약형질' 또는 '태아 프로그래밍 가설'은 미토콘드리아 이론이 제시되면서 이홍규 교수에 의해 '미토콘드리아 기반 모델'로 다시 제시되었다. 즉 태아기의 영양이 불량하거나 환경적으로 좋지 않은 경우 미토콘드리아의 양과 에너지 생성 능력이 선천적으로 줄어들게 되고 이후 성인이 되어 성인병에 취약하게 된다는 것이다. 이홍규 교수는 영양 결핍 엄마 쥐에서 태어난 2세에서 미토콘드리아 기능 이상이 나타나고 당뇨병 위험을 증가시킨다는 연구 결과를 발표하였다.(15, 16)

위의 내용을 종합해 보면, 태아 시기 엄마로부터 받는 영양 상태와 엄마의 미토콘드리아 상태가 태아의 미토콘드리아의 형질을 결정한다는 것이다. 그리고 미토콘드리아는 엄마에게서만 받게 되기 때문에 아기를 가질 엄마의 미토콘드리아 건강은 다음 세대, 또 다음 세대, 그 다음 세대에까지 계속적으로 영향을 줄 수밖에 없다.

　물론 우리는 지금 네덜란드 전후 세대나 우리나라 전후 세대처럼 굶주리고 있지는 않다. 하지만 질적으로는 굶주리고 있는 상태라고 할 수 있다. 또는 심각한 다이어트로 실제로 굶주리고 있는 상태일 수도 있다.

# 여성의 다이어트와 생활습관,
## 아이들이 위험하다

21세기 사회는 계속해서 마른 여성이 "아름답다"를 강요하고 있다. 표준체형이거나 마른 체형인 여성조차도 계속해서 다이어트를 한다. 이상하게도 한국 여성들은 모두가 본인이 뚱뚱하다고 여기고 다이어트를 시도하고 있는데, 여성의 무리한 다이어트는 위험하다.

여기서 말하는 다이어트는 균형이 잡힌 좋은 식사를 하면서 자기 생활을 관리하는 것을 의미하지 않는다. 무조건 굶거나 좋지 않은 음식들일지라도 칼로리만 낮으면 체중 관리에 좋다고 먹거나 식욕억제제 등을 먹으며 음식을 제한하는 것, 먹는 것을 극도로 제한하면서 운동을 하는 것 등을 말한다. 당연히 미토콘드리아를 건강하게 하는 음식을 세포에 공급해 주지 못한다. 요요현상으로 몸에 영양을 '주었다 그쳤다'를 반복하며 에너지 밸런스를 잃어가고 있다.

음식이 아닌 미토콘드리아를 병들게 하는 가장 큰 위해요소

중 하나는 환경호르몬이다. 내분비를 교란시키는 환경호르몬이 각종 만성병의 주원인이 된다는 것은 예방의학 이덕희 교수의 연구를 통해 이미 세계적으로 알려졌다. 지금은 전 세계적으로도 환경호르몬이 비만, 당뇨병, 심혈관질환, 여성과 남성의 생식질환, 호르몬 민감성 암, 신경발달 등의 문제를 일으키는 원인이 된다는 연구결과가 발표되고 있다.(17~22) 이런 연구 결과에 의하면 적은 양이라도 꾸준히 노출되었을 때도 대사증후군을 증가시킨다고 하고 있으며, 이에 대해 이덕희 교수는 『호메시스』라는 책을 통해 그 위해성을 강조하고 있다.

젊은 여성들의 생활습관을 떠올려 보자. 늘 손에 들고 있는 플라스틱 컵과 종이컵에 담긴 커피, 각종 일회용 통, 일회용 비닐, 랩, 은박지, 플라스틱 통과 캔에 담긴 식음료 등 미토콘드리아를 공격하는 환경호르몬을 뿜어내는 환경에 일상적으로 노출되어 있는데도 모르고 지낸다.

더욱 위험한 것은 여성의 흡연이다. 요즘에는 젊은 여성 흡연자가 늘고 있는데, 임신을 했을 때만 금연을 하면 되지 않느냐는 생각을 하는 경우도 많은 것 같다. 하지만 흡연 자체가 본인의 미토콘드리아 DNA의 손상, 기능저하 및 수치 감소를 일으키고, 이는 곧 난자의 미토콘드리아 기능저하 및 수치 감소로 이어질 수밖에 없다. 임신 기간 동안에는 금연을 한다고 해도 임신 전의 흡연으로 미토콘드리아가 손상을 받은 상태에서 수정란이 만들어지고 자라기 때문이다.

근래에는 외모의 이미지 때문에 임신을 한 후에도 좋은 영양소의 음식을 잘 먹지 않고 다이어트를 하는 여성들도 있다.

노령 출산도 문제이다. 미토콘드리아는 누구나 나이가 들수록 기능이 쇠퇴한다. 40세 가까이 또는 40세가 넘어서 출산할수록 미토콘드리아 기능은 떨어질 수밖에 없다. 노령 출산이 막기 어려운 사회현상이라면 나이를 제외한 다른 요소로라도 미토콘드리아 기능을 끌어 올리고 아이를 갖는 것이 필요하다.

인스턴트 음식, 가공식품, 환경오염, 잘못된 바디 이미지 등이 심각하지 않았던 시절에 태어난 사람들은 건강과 질병이 본인 스스로의 삶의 방식에 따른 영향력이 컸다. 하지만 21세기에 태어나고 있는 아이들의 건강은 엄마가 건네주는 미토콘드리아의 건강이 결정적인 영향을 끼치고 있다.

# 미토콘드리아의
# 부활을 위한 핵심 요소들

미토콘드리아 기능을 부활시키고 기능을 향상시키는 데는 다음에 예시한 네 가지와 깊은 관계가 있다.

첫째, 태어날 때부터 많고 질 좋은 미토콘드리아를 가지고 태어나야 한다. → 엄마의 역할이 중요하다.

둘째, 미토콘드리아가 제 기능을 할 수 있도록 하는 데 필요한 성분을 가진 음식을 집중적으로 공급해야 한다.

셋째, 미토콘드리아 기능을 떨어뜨리는 독소를 배출시키는 성분을 가진 음식을 충분히 공급해야 한다.

넷째, 미토콘드리아 기능을 저하시키는 환경(담배, 환경호르몬, 약품, 중금속)의 노출을 피한다.

아이를 갖고자 하는 여성, 이미 임신한 여성은 둘째, 셋째, 넷째 항목을 실행하는 것이 내 아이가 첫째 항목인 태어날 때 질 좋고 양 많은 미토콘드리아를 가지고 태어날 수 있게 하는 방법이다.

## 미토콘드리아 기능을 위해 집중적으로 필요한 영양분 : 비타민 B군, 미네랄, 코엔자임 Q

미토콘드리아 부활을 위해서는 단지 "채소를 많이 먹어라, 과일을 많이 먹어라."라는 말로는 가능하지 않다. 무엇을 어떻게 얼마만큼 먹어야 하는지 알아야 한다. 미토콘드리아를 위한 집중 영양을 통해 기능을 높이는 것이 매우 중요하다.

미토콘드리아는 에너지를 생산하는 과정에서 여러 가지 필요한 반응들의 효율을 높이기 위해 분해하거나 협동인자로 작용하는 특별한 물질들을 사용한다. 그 중에서 중요한 것들이 비타민 B군$^{(family)}$과 각종 미네랄, 코엔자임 Q 등이다. 비타민 $B_1^{(thiamin)}$, 비타민 $B_2^{(riboflavin)}$, 비타민 $B_3^{(niacinamide)}$, 비타민 $B_5^{(pantothenic\ acid)}$ 등의 B군은 미토콘드리아가 ATP를 생성하는 과정에서 사용되는 비타민이다.

코엔자임은 ATP 생성 과정의 전자 전달 연쇄반응에서 꼭 필요한 중요한 협동인자이다. 이외에도 황, 아연, 마그네슘, 철, 망간 등의 각종 미네랄이 필요하다. 따라서 비타민 B군과 미네랄, 코엔자임 Q 등은 미토콘드리아 기능을 위해 매우 중요한 영양분이고 매일 집중된 영양 섭취를 해 주어야 한다. 마치 자동차에 맞지 않는 저급한 휘발유를 사용하면 엔진이 상하게 되는 것과 마찬가지로 미토콘드리아가 최대의 효율로 작동하기 위해서는 미토콘드리아가 필요로 하는 영양분이 충분히 공급되어야 한다.

비타민 B군은 보통 같은 음식에 공존하는 편이고 짙은 녹색 잎의 채소에 매우 많이 들어 있다. 코엔자임은 동물의 심장, 간, 신장 근육에 매우 많이 들어 있다. 또한 해조류와 내장고기에는 각종 미네랄이 풍부하게 들어 있다.

## 활성산소의 방어기제 : 항산화물질(antioxidants)

우리 몸에서 발생하는 활성산소에 대한 방어기제는 바로 항산화물질(antioxidants)이다. 그렇다면 우리 몸은 어디에서 이 항산화물질을 얻을 수 있을까? 우리 몸 스스로가 가지고 있다. 또는 외부에서 섭취해서 얻을 수도 있다.

앞에서 설명했던 것처럼 활성산소는 세포와 미토콘드리아 사이의 커뮤니케이션 통로라고 하였다. 활성산소의 양에 민감하게 반응해야만 세포는 자기교정과 세포자살을 이행할 수 있게 된다. 따라서 세포는 항산화물질도 필요한 만큼 관리하고, 필요

이상은 제거한다.

광고에서 선전하는 각종 항산화제를 먹는다고 해서 세포가 그것을 모두 사용하지는 않는다. 어쩌면 필요 없는 것을 치우느라 에너지를 더 쓰고 있는지도 모른다. 그래서 우리 몸을 로봇처럼 공식화 하여 약을 주는 것이 오히려 해가 될 수도 있다.

정말 중요한 것은 세포에서 발생되는 활성산소를 제거하는 것보다 활성산소가 많이 나올 수밖에 없게 되는 환경을 고쳐 주어야 하는 것이다. 즉 세포에 계속해서 주어지는 환경 독소, 담배, 외상 등의 스트레스와 미토콘드리아를 삐걱거리게 만드는 영양적 불균형을 잡아 주는 것이 중요하다.

따라서 약이 아닌 음식으로 항산화물질을 섭취하는 것을 권유한다. 그 이유는 항산화물질이 많이 들어 있는 음식들은 여러 가지 진한 색깔의 채소와 과일인데, 이 음식들에는 어느 한 가지 성분만 들어 있는 것이 아니기 때문이다. 항산화 기능이 큰 비타민 A, C, E, K와 수 만 가지의 피토케미컬 그리고 효소들이 들어 있고, 이 성분들은 서로가 상승작용 또는 해독작용을 하며 여러 가지 다른 방식과 다른 정도로 세포에 작용하여 활성산소가 많이 나오는 환경 자체의 교정을 함께 도울 것이기 때문이다.

세포내 비타민과 항산화물질은 음식으로 공급되어야 한다. 우리 몸 세포의 여러 가지 작용은 생태계처럼 복잡하게 얽혀 있다. 어떤 성분만을 공급하는 비타민제나 영양보충제는 우리가 먹는 음식으로 공급하는 것과 큰 차이가 있다. 먹는 음식에 의해 공급되는 비타민과 항산화물질은 우리 몸에 가장 적합하게 사용될 수 있고 혹여 과잉되어 해소하더라도 약으로 과잉 공급된 것에 비해 몸에서 수월하게 처리할 것이다.

우리가 음식을 통해 섭취하는 영양분, 비타민, 미네랄, 효소, 피토케미컬 등은 한 가지 성분의 비타민, 미네랄 제재와 비교할 수가 없다. 음식에는 우리가 여전히 다 알아내지 못한 성분들이 복잡한 생태계처럼 서로 상호작용함으로써 우리 몸에서 최대의 효과를 주기 때문이다.


## 세포내 스트레스, 활성산소를 증가시키는 환경 피하기

항산화제를 먹음으로써 활성산소 수치를 줄이는 것보다 필요한 일은 활성산소가 많이 나올 수밖에 없는 환경, 세포내 스트레스가 증가하는 환경을 피하는 것이다.

환경호르몬이 대표적인 예이다. 환경호르몬은 각종 일회용 제품, 담배, 매연, 농약, 제초제, 소나 돼지 사육에 쓰이는 항생제, 식품 보존을 위한 식품 산화제 등에 많이 들어 있다. 우리가 이것을 줄일 수 있는 방법 중에서 실천 가능한 것이 많다.

우선 일회용 플라스틱 컵과 종이컵, 캔, 플라스틱 용기의 사용을 하지 않거나 줄이는 것이다. 특히 커피숍에서 1회용 컵을 많이 사용하고 있는데, 이것을 금해야 한다. 담배는 특급 위해 물질이다. 채소를 먹을 때는 잔류농약이 남지 않도록 세척해야 하고, 되도록 유기농 육고기를 먹도록 한다. 이에 대해서는 뒤에 자세히 다시 설명할 예정이다.

임신을 준비하는 분들은 특히나 환경호르몬, 새집증후군을 일으키는 포름알데히드나 휘발성 유기화합물과 같은 독소를 피해야 한다.

제 **2** 부

미토콘드리아
부활의 전도사

3개월만에 휠체어를 버린
내과의사 테리 휠

온몸으로

임상을 하다

필자가 건강의 중심에 미토콘드리아가 있음을 깨닫고 공부하고 있을 때, 미토콘드리아의 건강을 위해 구체적으로 무엇을 어떻게 해야 하는가에 대한 방향을 잡을 수 있도록 해 준 것은 미국인 내과의사 '테리 휠'이 창안한 "휠 프로토콜(The Wahls Protocol)'을 통해서였다. 이 책에서 소개하고 있는 〈6336+1 and +1 프로그램〉은 바로 '휠 프로토콜'을 기반으로 하여, 우리나라 환경과 식문화를 고려해서 적용한 프로그램이다.

이번 장에서는 테리 휠에 대한 소개와 '휠 프로토콜'이 미토콘드리아를 살리는 데 있어 얼마나 강력한 프로그램인지를 소개하고자 한다.

테리 휠(Terry Wahls, M.D.)은 현재 아이오와 대학(the University of Iowa)의 임상교수로 있으면서 아이오와 보훈병원(the Iowa City Veterans Affairs Hospital)에서 의사로 재직하고 있다. 의대생들과 레

지던트들을 가르치고, 뇌 손상을 받은 환자들을 보면서 여러 가지 자가면역질환을 가지고 있거나 복합적인 만성적인 건강 문제를 가진 환자들을 대상으로 하는 치료적인 라이프스타일 (lifestyle) 클리닉을 운영하고, 임상시험도 수행하고 있다. 그녀의 미토콘드리아 살리기 프로그램은 「TEDx 토크」에서 이미 센세이션을 일으킨 바 있으며, 수많은 만성질환 환자들이 프로그램에 함께 동참하면서 그 효과를 경험하고 있다.

의사로서 테리 휠을 존경하는 이유는 그녀가 자본주의의 메카이자 동시에 이성적 사고를 최고의 가치로 여기는 미국이라는 나라에서 살고 있는 내과의사라는 점 때문이다.

이성적 사고는 늘 증거 제시를 요구한다. 우리가 김치를 먹으며 몸에 좋다고 느낄지라도 왜 좋은지 증거를 대지 않으면 받아주지 않는 것처럼 말이다. 즉 테리 휠은 교과서에 나와 있지 않은 각각의 음식물에 대한 과학적 증거를 면밀히 연구하고 조사해 자칫하면 대체의학 정도나 개인적인 경험으로 끝날 수 있는 것을 과학과 의학의 영역으로 끌어올렸다. 한편으로 미국이라는 나라에서 음식 처방이란 돈이 되는 일이 아님에도 그 중요성을 환자들과 나누고 있고, 대체의학이 아니라 전통 의학 영역의 의사들도 받아들이도록 고군분투하는 그녀에게 존경을 표하지 않을 수 없었다.

휠 프로토콜은 역으로 우리나라 사람들이 본래부터 먹어왔던 음식들, 결국은 조선시대 또는 그 이전부터 먹어왔던 음식들에 해답이 있음으로 과학적으로 풀어준다.

테리 휠은 내과의사지만 본인 스스로가 '다발성경화증(Multiple sclerosis)'이라는 만성 자가면역질환 환자였다. 그녀도 다른 많은 의사들과 마찬가지로 환자들의 병에 따라 약을 처방하거나 수술적 처치로 치료하는 데 중점을 두고 살아온 전형적인 내과의사였다. 하지만 2000년 다발성경화증이라는 진단을 받은 후 의사로서의 그녀의 삶도 바뀌게 되었다.

다발성경화증(multiple sclerosis)이란 뇌신경이나 척수신경의 축삭을 싸고 있는 미엘린(myelin)이 자가면역 반응에 의해 손상을 받음으로써 신경이 지배하는 운동, 사고능력의 퇴화를 보이는 질환이다. 여기서 자가면역 반응이란 면역세포들이 자신의 신체기관, 조직, 세포, 세포 구성 성분 등을 외부 물질인 항원으로 인식하고 공격하는 것을 말한다. 바로 휠 박사는 자가면역 반응에 의해 뇌신경과 척수신경이 공격당하는 질환을 앓게 된 것이다.

그녀는 본인 스스로가 심각한 자가면역질환에 걸린 상태였기 때문에 치료법을 찾는 데 절박할 수밖에 없었다. 다발성경화증 진단을 받은 후 3년이 되었을 무렵 그녀는 대부분의 시간을 휠체어에 비스듬히 누워 지낼 수밖에 없게 되었다. 전통적인 방식의 의학은 이미 그녀를 치료하는 데 실패하였고, 그녀는 남은 인생을 침대에 누워 살아야 한다는 두려움에 빠지게 되었다

휠은 자가면역질환과 뇌의 바이올로지에 대한 최근의 연구들을 찾아 공부하기 시작했다. 그리고 미토콘드리아와 세포의 기능저하가 본인의 자가면역질환 및 만성질환의 원인이 된다는 점을 이해하게 되었다. 그리고 치료법을 찾기 위해 미토콘드리아와 세포 건강을 되돌리기 위한 비타민, 미네랄, 아미노산, 항산화물질, 필수지방산등의 리스트를 작성하기 했다. 그리고 이미 실패를 경험한 알약이나 보충제보다는 음식을 통해 비타민, 미네랄, 항산화제, 지방산을 얻기로 결정하였고, 이와 같은 치료 프로그램에 영양이 풍부한 팔레오 다이어트(원시인 다이어트)를 적용함으로써 점차적으로 신경근육 자극요법과 결합해 치료를 시작했다.

정확히 3개월 동안 새로운 식이요법을 시행하고, 점차적으로 전기자극 요법을 증가시키고, 매일 명상을 하고, 간단한 셀프-마사지를 시행하고 났을 때, 그녀는 휠체어에 의지해 살던 삶에서 벗어나 진료실들을 오직 지팡이 하나로 걸어 다닐 수 있게 되었다. 그리고 6개월 후에는 병원 전체를 지팡이 하나로 돌아다닐 수 있게 되었으며, 지금은 매일 자전거로 8킬로미터를 달려 일터로 나가고 있다. 21세기 의학이 아니라 원래 인간이 먹어왔던 음식으로 질병에서 회복될 수 있음을 증명한 것이다.

이와 같은 놀랄 만한 회복을 그녀는 「TEDX 토크」에서 나누게 되었고, 그것은 즉각적으로 퍼져나가게 되었다. 지금은 휠 프로토콜(Wahls Protocol)을 만들어서 그녀의 건강을 회복시키고, 인생을 되돌려 놓은 프로토콜의 세세한 지식들을 나누고, 그것을 새로운 사명으로 받아들이면서 일하고 있는 중이다.

# 자가면역질환
## 그리고 휠 프로토콜

# 최초 질환의
# 진단

테리 휠은 젊은 시절 마라톤을 하고, 네팔의 산들을 등반할 정도로 건강했다. 액티브하고 모험을 즐기고 활기가 넘치는 사람이었다. 그러던 중 40대 중반인 2000년 '다발성경화증'이라는 진단을 받았는데, 물론 갑자기 찾아온 질병은 아니었다. 20대부터 꾸준히 뭔가 좋지 않은 증후들이 있었지만 무시해왔던 것이다. 얼굴에 찌르는 듯한 통증이 온다든지 양쪽 눈에서 색깔이 다르게 인식된다든지 하는 증상들이 조금 있었지만 몸이 피곤해서 오는 증상일거라고 생각하고 의사로서 그리고 엄마로서 삶으로 바쁘게 살아왔던 것이다.

그러던 어느 날 가족과 함께 물건을 사러 가게에 다녀오는 길에 한 쪽 다리를 제대로 움직일 수 없는 증상이 나타나 샌드백을 끌듯이 하면서 겨우 집으로 돌아올 수 있었다. 집에 돌아와서는 발가락을 제대로 움직일 수가 없었으며 어지럽고 속이 울렁거렸다. 그녀는 다음날부터 각종 검사에 들어갔고, '다발성경화증'이란 진단을 받게 되었다. 만성적으로 정신과 신체가 무너지지만 완치할 수 있는 약이 없는 질병이었다.

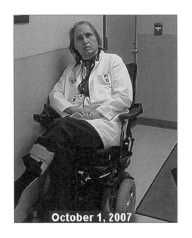

# 쇠퇴하는 몸

다발성경화증 진단 이후 테리 윌은 의사들이 다발성경화증에 흔히들 처방하는 코팍손을 먹었다. 그리고 치료의 결정에 대해 주치의를 완전히 신뢰했다. 그녀도 의사로서 트레이닝을 받아 온 사람이었고 의사들이 가장 잘 안다고 믿는 사람이었다. 게다가 '다발성경화증'이라는 자가면역질환은 내과의사의 영역이 아니었다.

그녀는 최고의 의료진들을 만났고 가장 좋은 치료를 받을 수 있었다. 그래서 그녀가 할 수 있는 모든 치료를 하고 있다고 생각했다. 하지만 점차 그녀의 오른쪽 팔과 손의 힘이 약해지기 시작했다. 의사들은 그녀의 면역세포를 약화시키기 위해 스테로이드를 처방했고, 그러자 점차적으로 힘도 돌아왔다.

하지만 그것은 천천히 그리고 조금씩 시작된 몸의 쇠퇴였다. 그녀 역시 그것을 알 수 있었고, 그녀의 가족들도 보고 느낄 수 있었다. 그녀는 점점 몸을 움직일 수 있는 능력을 잃어가고 있었다. 첫 진단을 받고 겨우 2년도 되지 않아 일어난 일이었다.

그때 그녀의 인생을 바꾸게 될 일이 처음 시작되었다. 2002년, 클리블랜드 클리닉에 있는 그녀의 신경과 주치의는 조금씩 계속해서 나빠지고 있다고 이야기하면서, 애쉬톤 엠브리의 다발성경화증 자선 웹사이트(Ashton Embry's MS charity website, Direct-MS, at www.direct-ms.org)를 체크해보라고 조언했다. 엠브리 박사는 지질학자로서 아들이 다발성경화증을 앓고 있었고, 식이요법으로 드라마틱하게 질병을 이겨냈다고 했다. 따라서 엠브리 박사는 식이요법과 다발성경화증과의 상관관계에 대해 적극적으로 목소리를 내고 있는 지지자였다. 그녀는 그때 처음으로 다발성경화증과 식이요법과의 상관관계에 대한 생각을 듣게 되었다. 물론 전통적인 주류 내과의사로서 그녀는 그것이 조금은 '대체의학'과 같은 느낌이 들었지만 신경과 주치의가 제안한 것이었기 때문에 그것에 대해 진지하게 생각하고 웹 사이트를 방문하기로 한 것이다.

그녀는 엠브리 박사의 웹 사이트를 하나하나 살펴보게 되면서 과학적인 자료들로 가득 차 있다는 것을 깨닫게 되었다. 저널들은 저명한 의과대학 과학자들이 쓴 피어 리뷰 저널들이었다. 이것은 '사회과학'도 아니었고, '비주류'도 아니었다. 그것은 타당성을 가진 연구였다. 또한 다소 어려운 과학이었다. 대부분은 그녀가 공부하고 경험하던 의료 분야 밖의 것들이거나, 그녀의 의학 교육에 포함되지 않았던 기초과학 개념에 의존하는 내용들이었기 때문이다.

다발성경화증으로 인해 그녀의 뇌는 안개와 같이 흐려져서 어려운 그 내용들 모두를 흡수하는 데 어려움이 있었지만 매우 많은 새로운 정보들을 접할 수 있었다. 많은 정보들을 읽은 후에, 그녀는 엠브리 박사가 돌팔이가 아니라, 어쩌면 무언가를 알고 있을 수도 있다는 생각이 들었다. '만약에 식이조절이 다발성경화증에 가장 중요한 영향을 끼친다고 한다면?' 하는 생각을 말이다. 몇 년 동안 그녀의 질병을 의사들의 손에 맡겨두고 계속해서 그녀의 몸이 쇠퇴해진 후에야, 그 생각들이 그녀를 사로잡기 시작한 것이다.


엠브리 박사의 웹 사이트를 통해 그녀는 처음으로 로렌 코다인 박사에 대해 알게 되었다. 코다인 박사는 인류의 식이 변화와 서구사회의 만성질환 발병이 연결되어 있다고 보았다. 그는 수많은 저널들을 발표해 왔고, 최근에는 일반인들을 위한 책 『팔레오(원시) 다이어트: 우리가 본래 먹도록 디자인 되어 있었던 음식들을 먹음으로써 체중 감소와 건강함으로 돌아가기』를 출판하였는데, 이 책은 과학 저널보다는 훨씬 쉽게 읽을 수 있었다. 그녀는 우리 몸이 제대로 작동하는 데 음식이 마이너가 아닌 메이저로 작용한다는 생각을 하기 시작했다.

특히 현대 사회에서 과도한 당과 설탕의 섭취가 인슐린과 염증 반응을 더욱 촉진시킨다는 이론에 관심을 갖게 되었는데, 인류가 본래 섭취하던 식이요법이 그녀의 다발성경화증을 치료하는 데 도움이 될 수 있다는 증거들에 주목하지 않을 수 없었다.

하지만 팔레오(원시) 다이어트로 식이를 바꾸는 것은 그녀에게 너무도 큰 변화였다. 그녀는 대학 시절 이후로 채식주의자였고, 콩과 쌀을 너무도 좋아하고 빵을 굽는 것도 사랑했다. 정말로 곡식과 콩류, 그리고 주요 식재료들을 그녀의 식이에서 제외시킬 수 있을 것인가?

하지만 그녀는 질환의 진행을 멈추게 하기를 무엇보다도 원했고, 걷고 싶었고, 일하고 싶었고, 그녀의 아이들과 놀고 싶었다. 그녀는 원시 식이요법을 시행하기로 결심했다. 고기가 다시 그녀의 식탁 위에 올라왔고, 그녀가 너무도 좋아했던 음식들을 포기했다. 처음에는 고기 냄새가 역겨웠다. 그녀는 천천히 수프에 고기를 조금씩 넣기 시작했다. 시간이 지나면서 점차 쉬워졌다.

하지만 팔레오(원시) 다이어트를 실행했음에도 그녀의 병은 계속해서 나빠졌다. 그녀는 넘어지지 않고 아이들과 뒷마당에서 축구를 할 수 없었고, 걸스카웃이나 컵 스카우트와 함께 긴 하이킹을 갈 수도 없었다. 짧은 거리를 걷는 것조차도 점점 어려워졌다. 피로는 점점 더 큰 문제가 되었다. 그녀는 실망했고, 낙심했을 때에는 눈물이 시간과 장소를 가리지 않고 솟아나기도 하였다.

몸이 점점 쇠퇴하면서 그녀는 걷는 것을 피하기 위해 스케줄을 조정해야만 했다. 그녀의 주치의는 그녀가 스쿠터를 타야 할 때인 것 같다고 이야기했고, 나중에는 그녀의 피로가 점점 심해졌기 때문에 생각을 바꾸어 비스듬하게 눕혀진 휠체어를 타는 것을 제안했다. 주치의는 또한 미톡산트론(mitoxantrone)이라는 일종의 항암 치료를 제안했다. 하지만 그것 역시 그녀에게 듣지 않게 되자, 새로운 강력한 면역 억제제인 티사브리(Tysabri)로 약을 바꾸었다.

하지만 그 약으로 인해 뇌에 있는 잠재 바이러스가 활동성을 갖게 되어 사망자들이 나오게 됨으로써 그녀가 세 번째 주사를 맞으러 가기 전에 티사브리는 의료 시장에서 퇴출을 당했다. 이 사건 이후, 주치의는 셀셉트(CellCept)라는 이식수술 후에 복용하는 면역 억제제를 복용하기를 제안했다.

셀셉트를 복용한 후 그녀는 종종 입안에 궤양이 생겼고, 피부는 회색빛이 되었다. 그녀는 매일 지쳐갔고, 매일 밤 침대에 누워 있을 때면 절망감에 사로잡혔다. 휠체어를 사용하는 것을 거부하였음에도, 결국 그것을 사용할 수밖에 없었다. 하지만 그것은 등 근육을 더욱 약하게 하여 근육들을 더욱 수축하게 만들었고 결국 그녀는 더 많은 시간을 침대에 누워서 보내야 했다.

# 삶을
# 다시 돌려놓기

〉
〉

휠체어에서 지내게 되면서, 그녀는 전통적인 의학 방식으로는 자신에게 지금 일어나고 있는 일을 막을 수 없다는 사실을 깨닫게 되었다. 여전히 팔레오<sup>(원시)</sup> 다이어트가 긍정적인 변화를 가져다 줄 것이라는 희망을 잃지 않았지만 그것은 결국 어떤 변화도 주지 못했다.

그녀는 의학 논문을 더 살펴보기로 하였다. 다른 무언가가 있다면, 다른 어떤 길이 있다면, 의사들이 간과한 무언가가 있다면, 알기를 원했다. 결국 그녀는 회복이 불가능하다고 받아들이긴 했지만, 진행을 늦출 수는 있을 것이라고 생각했다. 그녀는 의사들에게 맡겨놓 채 자신은 아무것도 하지 않고 있다는 것을 깨달았다.

좀 더 진보적으로 사고하는 게 필요했다. 그녀는 연구하고 공부하며 할 수 있는 모든 것을 해보기로 했다. 그곳에 그녀를 위한 해답이 있고, 침대에 누워서 보내야만 할 삶을 조금이라도 늦출 수 있다면 말이다.

처음에는, 최근 진행되고 있는 모든 임상시험을 하고 있는 약품에 대한 연구들을 읽었다. 하지만 그와 같은 임상시험 약품은 자신이 얻을 수 없다는 것을 깨닫게 되었다. 이런 종류의 지식은 이론적인 것일 뿐이었다. 그래서 그녀는 상자 밖을 생각해 보기 시작했다.

그녀는 과학이 어떻게 순차적으로 이루어지는지 알고 있었다. 쥐를 통한 실험들이 내일의 치료의 기초가 됨을 알고 있던 것이다  이것이 임상시험으로 진행되고, 주 치료제가 나오게 되기까지는 전형적으로는 몇 년, 몇 십 년이 걸리는 것이다. 따라서 이것은 최첨단 중에서도 최첨단 지식이었다.

그녀는 가장 명석한 지식인들이 무엇을 생각하고 있고 자신이 가진 것과 같은 질병의 미래를 어떻게 그리고 있는지를 알고자 노력했다. 매일 밤 그녀는 펍메드(의학 저널 사이트)를 통해 다발성경화증에 대한 쥐 동물실험 모델에 관한 논문들을 찾아보았다. 그녀는 다발성경화증을 가진 뇌는 시간이 지날수록 수축된다는 것을 알고 있었으므로 수축되는 뇌를 가진 다른 질환 조건들에 관한 동물 실험들을 또한 읽기 시작했고, 파킨슨, 알츠하이머 치매, 루 게릭 병, 헌팅톤 병들에 관한 연구들도 조사했다. 그리고 이 네 가지 질병 모두가 세포 안에 있는 에너지 발전소인 미토콘드리아가 제대로 작동하는 걸 멈추고, 뇌세포의 조기 세포사가 일어나며, 뇌의 수축을 일으킨다는 것을 발견하게 되었다. 또한 더 많은 연구 조사 결과 쥐의 뇌와 미토콘드리아가 비타민과 코엔자임 Q, 카르니틴, 크레아틴 같은 보충제로 보호된다는 것을 밝혀낸 저널들을 읽게 되었다.

그녀는 더 이상 잃을 게 없는 사람이었다. 그래서 이것을 실행에 옮겨보기로 하였다. 그녀는 쥐 사이즈의 용량을 사람 사이즈 용량으로 환산해 보았다. 그리고 나서 주치의와 약속을 잡고 그녀가 작성한 비타민과 보충제 리스트를 보여 주었다. 그 리스트를 살펴본 주치의는 그 보충제들이 안전한 것 같다고 이야기했다. 주치의는 각각의 보충제를 약 리스트에 넣었고, 원래 먹는 약들과 상호작용을 일으킬 수 있는 점들을 체크해 주었다. 나쁜 작용을 일으킬 것은 없었다. 그녀는 그녀의 새로운 실험적인 비타민─ 그리고─ 보충제 요법에 대해 들떴고 그것들을 복용하기 시작했다.

하지만 어떤 변화도 일어나지 않았다. 그녀는 매우 실망하게 되었고 몇 달 후, 그것들의 복용을 그만두었다. 그러자 며칠 후 그녀는 아예 침대 밖으로 나올 수가 없었다. 그녀가 다시 보충제를 복용하기 시작하자 그녀는 다시 일어날 수 있었다.

결국 그것들은 도움이 되고 있었던 것이었다! 이것은 한 줄기의 희망이었다. 분명히 그녀의 몸은 그 비타민과 보충제로부터 그것들 없이는 할 수 없는 무언가 이득을 얻고 있다고 생각했다. 그녀의 몸이 필요로 하는 무언가를 말이다.

매일 밤 모두가 잠든 후에 그녀는 그녀의 병에 도움이 될 수 있는 더 많은 정보를 얻기 위해서 인터넷을 검색했다. 그러던 어느 날 밤 그녀는 우연히 기능의학(functional medicine) 협회 웹 페이지를 방문하게 되었고 이것이 곧 그녀의 관심을 끌었다. 이 협회의 목적은 그녀와 같은 의사들에게 복합적인 만성 질병을 가진 환자들에게 있어서 유전, 식이, 호르몬 균형, 독성물질의 노출, 감염, 그리고 질병의 발생에 기여하는 정신적인 요소들이 어떻게 상호작용하는지를 보게 함으로써, 환자들을 치료하기 위해 보다 좋은 방식을 제공하는 것이었고, 개인의 건강과 활력을 위한 좋은 방법들을 제공하는 것이었다.

그녀는 「신경보호: 일반적인 또는 흔하지 않은 신경 증상들에 대한 기능 의학적 접근」이라는 과정을 선택하고 매일 밤마다 공부했다. 처음에는 어려웠지만, 이 기능의학 과정은 그녀가 미토콘드리아와 뇌세포의 상태를 향상시킬 수 있음을 가르쳐 주었다. 이것은 그녀가 뇌 건강에 관한 생각을 완전히 새로운 방식으로 바라볼 수 있게 하였고, 이것이 전체 몸과 어떻게 관련이 있는지를 알게 해 주었다. 물론 그녀가 의과대학에서 훈련받은 방식은 아니었지만, 그녀에게 충분히 설득력이 있었다. 모든 것이 논리적이었고 과학적인 뒷받침들이 있었기 때문에 의사인 그녀에게 반향을 일으켰고, 또한 다발성경화증 환자로서 그녀의 경험과 맞았던 것이다.

그녀는 알게 된 지식을 바탕으로, 미토콘드리아와 뇌세포 건강에 도움이 된다고 이해하게 된 비타민, 미네랄, 아미노산, 항산화물질, 필수지방산 등의 리스트를 이전보다 더 길게 작성하였다.

하지만 그것을 어떻게 실행해야 할 것인가? 그녀는 필요한 영양소들의 긴 리스트들을 가지고 있었다. 그렇다면 이전처럼 매일 한 주먹씩이나 되는 알약을 먹어야만 하는 것일까?

팔레오(원시) 다이어트는 음식이 모든 영양소의 최고 소스라고 가르쳤지만 기능의학(functional medicine)의 콘셉트는 주로 보충제에 의존하는 것이었다. 하지만 인류가 처음 등장했을 때 인간들은 어떤 보충제도 섭취한 적이 없었다. 기능의학(functional medicine)은 그녀에게 필요한 영양소가 어떤 것인지 결정할 수 있도록, 비타민과 보충제의 리스트를 제공해 주었지만 어떻게 그것들을 얻을 수 있는지는 이야기해 주지 못했다.

그녀는 만약 그와 같은 영양소들을 알약이 아닌 먹는 음식으로 섭취할 수 있다면 만들어진 영양제보다 훨씬 더 효과적으로 작용하게 될 것이라는 생각을 하게 되었다. 게다가 이것은 아직 발견되지 않아서 이름이 붙여지지는 않았지만 본래 영양소 안에 함께 존재하면서 시너지를 내 주는 특정 비타민 또는 보충제에 영향을 미칠 다른 부가적인 물질들—아마도 수천 가지의 물질들—을 섭취하게 되는 것을 의미했다.

그녀는 특별히 미토콘드리아와 뇌 기능을 최대한으로 향상시키기 위한 음식을 먹기 위해 계획을 세워야 함을 깨달았지만 작성된 영양소의 긴 리스트들을 바라보면서 궁금한 생각이 들었다. '어떤 음식들이 이 영양소들을 함유하고 있는 것일까?' 그녀는 정식 식이요법 관리 전문가인 친구들에게 그것을 보여주었지만 그들도 어디서 그런 영양소를 가진 음식들을 구할수 있는지는 알지 못했다.

그녀는 인터넷을 다시 검색하였고 마침내 영양학적으로 매치되는 그녀의 식이에 첨가해야 할 새로운 음식들의 긴 리스트들을 작성할 수 있게 되었다. 그리고 이 음식들을 매일 매일의 식사에 첨가하기 시작했다.

그것이 진짜로 그녀의 뇌와 몸에서 변화가 일어나게 된 출발점이었다.

# 휠 프로토콜과
# 과학적 증거 만들기

그녀는 자신을 포함해 모든 이들을 놀라게 했다. 정확히 3개월 동안 새로운 식이요법을 시행하고, 점차적으로 전기자극 요법을 증가시키고, 매일 명상을 하고, 간단한 셀프 마사지를 시행하고 나서, 그녀는 진료실들을 오직 지팡이 하나로 걸어 다닐 수 있게 되었다. 그리고 6개월 후에는 병원 전체를 지팡이 하나로 돌아다닐 수 있게 되었다.

하지만 변화된 것은 단지 그녀의 몸만이 아니었다. 이전의 그녀는 환자들을 치료하기 위해 약과 시술에 의존했었다. 하지만 그녀는 질병을 앓고 회복되는 과정을 거치면서 육체적인 질병이라는 것이 세포 레벨에서, 즉 세포들이 생명을 적절하게 유지하기 위한 화학작용을 위해 필요한 것들로부터 굶주릴 때 발생한다는 것을 깨닫게 되었다. 그리고 적합한 건강의 뿌리는 우리 몸의 세포를 해롭게 하고 교란시키는 것들을 멀리 하고, 번영하게 할 수 있는 좋은 환경을 제공함으로써 시작된다는 것을 이해하게 된 새로운 사람으로 바뀌게 되었다.

그녀는 마침내 몸을 치료하기 위해서는 생명의 빌딩 블록과 그 세포들에게 무엇을 공급해 주어야 하는지를 이해하게 된 것이다. 그녀는 그것을 행하였고, 그리고 그것은 작용했다.

이것은 그녀가 의학을 수련한 방식을 완전히 바꾸도록 만들었다. 그녀는 1차 진료기관을 찾은 레지던트와 환자들에게 어떻게 자신들을 돌봐야 하는지, 당뇨, 고혈압, 고지혈증, 우울증, 외상 후 스트레스, 두뇌 외상에 대해 단지 약에 의존하는 대신, 그녀가 발견한 방식으로 식이와 건강한 행동들을 가르치기 시작했다. 레지던트들은 식이요법과 라이프스타일 변화가 얼마나 강력하고 효과적인 치료방식인지, 때로는 약보다도 더 효과적임을 배웠다. 머리에 외상을 입은 환자들 또한 본인들의 뇌의 치료를 더 좋게 하기 위해 무엇을 해야 하는지 알고 싶어 했다. 환자들을 보면서, 그녀는 식이요법과 라이프스타일이 향상됨에 따라 약에 대한 필요성이 줄어들게 되는 것을 관찰하게 되었다.

그녀가 돕게 된 사람들이 많았음에도 불구하고, 일화적인 증거들은 그녀를 만족시키지 못했다. 의학계에서 믿어주지 않을 것이라는 것에는 의문의 여지도 없었다. 임상시험 없이는 그녀의 프로토콜을 지지하지 않을 것이었다.

그녀는 자신을 위해 무엇을 해야 할지 연구할 때 필요로 했던 비슷한 열정을 이 일을 위해 쏟지 않을 수 없었다. 이 프로토콜이 다른 이들도 도울 수 있는지를 결정하기 위해서는 명확한 테스트가 필요했다. 그녀의 새로운 프로토콜이 단지 그녀 자신에게만 효과가 있는 것이 아니라 비슷한 고통을 가진 누구에게라도 효과가 있을 것이라는 것을 증명하기 위해 오랜 시간이 걸리고, 복잡하고, 많은 비용이 들어가는 임상시험을 시작하기로 결심한 것이다.

그녀는 임상시험을 계획하고, 승인서를 작성하고, 자금을 확보했다. 그리고 기관 감사위원회를 통해 연구 계획을 승인받아야 했다. 18개월이 채 되지 않아, 그녀는 불가능할 것 같은 일을 이뤄냈다. 2010년 10월 6일, 그녀의 팀이 첫 환자를 임상시험에 등록시킨 것이다.


2011년 가을, 지역 「TEDx 토크」에서 그녀에게 강연을 제안했다. TED는 다양한 주제에 대해 인터넷상에서 공중을 대상으로 강연을 보여주는 비영리 컨퍼런스로, 지역에서 이루어지지만 온라인상에서 누구든 무료로 볼 수 있고, 연설자도 돈을 받지 않는다. 수백만 사람들이 TED와 TEDx를 보고, 전파력도 강했다.

그녀는 18분 동안 자신의 경험과 특별히 미토콘드리아와 뇌를 위해 어떻게 식이요법을 디자인하게 되었는지에 대해 이야기할 수 있었다. 그녀는 집중적인 영양 계획에 대해 자세히 설명했고, 사람들이 자신의 미토콘드리아를 위한 영양 대사가 되어 건강을 위한 식이를 할 수 있도록 하였다. 이 강연은 〈나의 미토콘드리아 신경쓰기〈(Minding My Mitochondria)〉라는 제목으로 유튜브에 올려졌고, 이것은 팔레오 커뮤니티, 다발성경화증 커뮤니티, 그리고 기능의학 커뮤니티에 퍼져 나갔으며 1년도 되지 않아 백만 뷰를 넘어섰다.

그녀는 대부분의 의사들이나 과학자들이 그들의 일생에서 영향을 끼치는 것보다 더 많은 삶들에 영향을 끼치고 있었다. 하지만 무언가 더 필요했다. 그녀는 연구실을 확장하고 추가적인 연구들을 하게 되었고, 매우 흥미로운 예비 임상시험 결과가 계속되었다. 그녀의 팀은 첫 연구의 안정성에 관한 데이터를 제출했다. 다음 논문으로는 자료 결과의 세부적인 것들, 특별히 피로 수치의 변화, 기분의 변화, 사고와 걷기 능력의 변화를 보여주는 것을 제출하였다. 라이프스타일의 무한한 잠재력을 퍼트리고 더 향상시키고 개선시키기 위해, 작업 중인 다른 여러 개의 임상시험들도 가지고 있다.

그녀의 클리닉에서 진료를 받고 프로토콜을 제대로 실행한 환자들은 3개월만에 머리가 맑아지고, 기분이 좋아지고, 몸의 에너지가 돌아오는 것을 느끼게 된다. 초과 체중을 가진 사람들은 배고픔 없이 체중이 정상화되는 것을 보게 되며, 그 다음 3년 동안은 환자들이 젊어진 모습을 보게 된다. 그들의 세포들이 새로운 생명력을 얻고 몸이 다시 건강을 되찾음으로써, 그녀가 클리닉에서 만날 때마다 점점 더 젊어 보이는 그들을 만나고 있다.

제 3 부

<<<------------------------>>>

# 미토콘드리아
# 부활
# 3개월 프로그램

미토콘드리아 부활을 위한
6336+1 and +1
프로그램의 준비

### 임신을 준비하는 여성

아이를 갖고자 하는 여성은 아이의 평생건강을 책임진다는 마음으로 미토콘드리아 건강을 위해 노력해야 한다.

이 프로그램은 아이를 가질 예정에 있는 여성들이 아이의 평생건강을 위해 자신의 미토콘드리아 건강을 최대로 끌어올리기 위한 프로그램이다. 아이를 갖기 전에 엄마의 몸이 먼저 건강해져야 하기 때문이다.

최소 3개월은 해야 한다. 몸이 살아나는 것을 체험할 수 있다. 엄마의 미토콘드리아 건강을 부활시키고 앞으로 가지게 될 태아의 미토콘드리아 건강을 최고로 올리기 위해서는 반드시 실천해야 할 프로그램이다.

늦은 결혼으로 아이를 갖고자 하는 여성이라면 더욱 중요하다. 나이가 많아질수록 미토콘드리아 기능은 더욱 떨어질 수밖에 없기 때문이다.

## 임신을 한 여성

임신 전에 6336+1 and +1 프로그램을 시작하고 이어나가면 가장 좋다. 하지만 임신한 이후에 알게 되었다면 임신한 상태에서도 6336+1 and +1 프로그램 실행을 시작해야 한다. 임신하기 전에 시작한 것에 미치지는 못할지라도 최소한 임산부는 물론 태아의 건강을 위해 해야 한다. 다만 임신 5개월이 지나면서부터는 6336+1 and +1 식단의 양을 20% 정도 늘려서 실행하면 된다.

## 만성질환, 성인병 환자

성인병을 비롯한 만성질환을 가지고 있는 사람들은 반드시 실행하도록 권유하고 싶다.

만성질환이란 그 질병으로 인한 영향이 아주 오랜 세월 지속되거나 사망할 때까지 지속되는 질병들을 말한다. 당뇨, 고혈압, 비만 및 그에 따른 합병증들인 심부전, 신부전, 뇌졸중, 관상동맥 질환, 만성 자가면역질환, 치매, 파킨슨 등의 만성 퇴행성 뇌질환, 만성 호흡기질환, 암 등을 말한다.

초기 진단을 받았을 때 시작하면 더욱 좋을 것이다.


물론 병원에서 병을 진단을 받지 않았더라도 건강에 이상 증후가 보일 때 시작하면 더 없이 좋다.

이상 증후라는 것은 만성 피로, 만성 두통, 위장질환, 불면, 비특이적 근육 수축 또는 통증, 불규칙적인 배변, 설사, 변비, 우울 증세, 하루 동안 감정의 급격한 변화, 갑작스런 얼굴 몸 등의 피부질환, 피부 병변 등을 말한다.


위 증상들은 미토콘드리아 기능이 삐걱거리고 있다는 조기 신호탄이다. 비만으로 체중 감량을 원하는 사람들은 위에서 열거한 이상 증후 중 한 가지 이상은 가지고 있을 것이다. 비만인 사람들도 참여 대상이다. 배고프지 않고 체중감량을 할 수 있다.

본인이 건강하다고 생각하지만 식이습관이 잘 되어 있는지 궁금한 사람들도 참여하면 좋을 것이다. 사실은 몸에 에너지가 넘치게 하고 싶은 모든 사람들이 참여해야 한다.

# 미토콘드리아의
# 건강 진단하기

∨
∨

건강상태는 개인마다 다르기 마련이다.

우리가 모두 6336+1 and +1 프로그램을 100% 실천할 수 있다면 좋겠지만 사회생활을 하는 현대인이 100% 실천하기란 힘들다. 사실 100% 실천해야 할 그룹이 있고, 50% 정도만 실천해도 건강을 유지할 수 있는 그룹이 있다.

아래는 개인의 미토콘드리아 건강 수준을 체크할 수 있는 표이다. 만점은 42점이다.

스스로의 미토콘드리아 건강 상태를 체크해보자.

| 항목 | Yes 점수 | No 점수 |
|---|---|---|
| 45세 이하 | 10 | 0 |
| 진단받은 만성질병*이 없다 | 20 | 0 |
| 규칙적으로 먹는약이 없다 (영양제 제외) | 5 | 0 |

| | | |
|---|---|---|
| 만성 두통이 없다 | 1 | 0 |
| 맛있게 먹고 소화불량, 위염, 위산 역류 등의 위장증세가 없다 | 1 | 0 |
| 피부질환이 없고 깨끗하다 | 1 | 0 |
| 평소 생활할 때 피로하지 않다. 피로하더라도 자고 일어나면 피로가 풀린다 | 1 | 0 |
| 누우면 30분 안에 잠이 든다. 불면증이 없다 | 1 | 0 |
| 하루 생활의 전반적인 기분이 활기차고 우울하지 않다 | 1 | 0 |
| 하루에 한 번 이상 바나나 같은 변을 본다 | 1 | 0 |
| Total 점수 | | |

* 만성질병이란 그 질병으로 인한 영향이 아주 오랜 세월 지속되거나 사망할 때까지 지속되는 질병들을 말한다. 만성질환에는 당뇨, 고혈압, 비만 및 그에 따른 합병증들인 심부전, 신부전, 뇌졸중, 관상동맥 질환, 만성 자가면역질환, 치매, 파킨슨 등의 만성 퇴행성 뇌질환, 만성 호흡기 질환, 암 등을 말한다.

# 6336+1 and +1
프로그램의 실행목표

점수에 따라 아래 표와 같이 미토콘드리아 건강 레벨을 나눌 수 있고, 각 레벨에 따라 6336+1 and +1 실행 목표가 있다.

| 건강 레벨 (level) | 점수 | 건강상태 | 6336+1 and +1 실행 목표 % |
|---|---|---|---|
| 1 | 42 | • 45세 이하이면서 건강 | 50% |
| 2 | 41-40 | • 45세 이하이면서 2가지 이하 증상 | 70% |
| 3 | 39-32 | • 46세 이상이면서 건강하거나<br>• 45세 이하이면서 3개 이상의 증상으로 규칙적으로 약을 먹고 있는 경우(두통, 소화제 등) | 80% |
| 4 | 31-23 | • 46세 이상이면서 1개 이상의 증상이 있거나<br>• 증상으로 인해 규칙적으로 약을 먹고 있는 경우 | 80% |
| 5 | 22점 이하 & 혼자 일상생활 가능 | • 진단받은 만성 질병이 있으나 일상생활 혼자 수행 가능 | 100% & 동물 내장 고기 섭취 |
| 6 | 22점 이하 & 혼자 일상생활 불가 | • 진단받은 만성 질병이 있으면서 혼자 일상생활 불가 | 100% & 동물 내장 고기 섭취 |
| 임신을 준비하는 사람<br>임신을 한 사람 | | | 80% 이상<br>(하루 두 끼 이상) |

# 6336+1 and +1
# 프로그램을 시작하기 전 준비사항

병원에서 치료를 받는 것은 병원비를 지불하고 병원에서 해주는 처치를 수동적으로 받는 것이지만 6336+1 and +1 프로그램은 스스로가 능동적으로 해야만 하는 치료이다. 따라서 능동적으로 프로그램을 실행하기 위한 준비를 해야 한다.


## 나를 위한 두 번째 생명의 이유식

이 세상에서 가장 정성이 많이 들어간 음식은 무엇일까?

훌륭한 요리사들이 만든 멋진 요리들도 많이 있겠지만, 아기가 젖을 떼고 일반식으로 가기 전에 엄마가 만들어 먹이는 이유식이 정성 중에서도 으뜸일 것이다.

엄마가 아이들의 이유식을 만들어 먹일 때를 떠올려 보자. 이유식을 떼고 보통 식사를 할 때보다 더 까다롭게 신경을 써야 한다. 여러 가지 식재료의 맛을 느끼도록 해 주기 위해서 다양한 식단을 미리 짜고, 식단에 맞는 이유식을 만들기 위해 가장 좋은 고기, 생선, 채소, 과일을 구매한다. 본인은 먹지 않아도 이유식 고기는 유기농 한우로 구매를 하고 채소, 과일은 가장 싱싱한 것을 구매해 정성스럽게 이유식을 만든다. 설탕에 길들여질까봐 설탕도 넣지 않고 간을 적절히 맞추려고 애쓰고, 행여 매울까, 쓸까, 짤까 고심하고, 입 안에서 넘기기 적당한 크기로 재료들을 썰고, 너무 되지도, 질지도 않게 하려고 신경을 써야 한다. 그릇은 또 어떠한가. 아기가 먹을 그릇을 따로 준비하고, 따로 소독을 하고 너무 유난스러운 것이 아닌가 싶을 정도다.

6336+1 and +1 프로그램은 나의 몸을 소생시켜 다시 태어나게 하기 위한 두 번째 이유식이다. 이유식처럼 3개월 동안 최고의 정성을 들인 음식을 먹는 것이다. 아기일 때는 엄마로부터 받았지만, 두 번째 이유식은 내가 나를 위해 해 주어야 한다. 엄마가 해 주시는 이유식을 생각하면 6336+1 and +1 프로그램도 어떻게 해야 하는지 자연스럽게 떠올릴 수 있을 것이다. 메뉴를 정하고 재료를 구하고 음식을 만들고 그릇에 담아 먹기까지 온 과정이 정성 그 자체인 것이다.

몸을 소생시키기 위해서 3개월은 그와 같은 정성이 필요하다.

## 6336+1 and +1 프로그램 성공을 위한 구체적인 준비

두 번째 이유식이라고 할 수 있는 3개월 동안의 프로그램에서는 어떤 마인드와 준비가 필요할까? 구체적으로 알아보면 다음과 같다.

### 1. 3개월은 피임을 하면서 프로그램을 진행한다

임신을 준비하는 분들이 얼마나 임신을 기다리는에 대해서는지 충분히 이해한다. 하지만 난자를 건강하게 하는 것이 먼저 선행되어야 한다. 3개월은 피임을 하면서 몸을 건강히 하고, 또 그 습관을 가진 채 임신을 해야 임신 후에도 자연스럽게 미토콘드리아를 건강하게 하는 생활을 할 수 있다. 적어도 3개월은 해야 한다. 내 아이의 평생건강을 위해 3개월을 기다리지 못할 것은 없지 않는가.

### 2. 머릿속에서 칼로리 계산을 지운다

음식을 먹을 때 칼로리 계산은 의미도 없고 지혜롭지도 못한 일이다. 우리 눈앞에 놓여 있는 음식을 단순히 칼로리로 나타내고 그 칼로리에 맞추어 식사를 하는 것은 우리 몸을 로봇으로 여기는 일이다. 그 음식이 가진 칼로리가 우리 몸에서 그대로 사용되는 것도 아니고, 음식의 종류와 질을 생각하지 않은 칼로리로 계산된 식사는 몸을 건강하게 살리는 데 도움이 되지 않는다.

### 3. 일주일치 식단을 미리 짜서 준비한다

뒤에 6336+1 and +1 프로그램에 대해 자세히 설명하고 참고할 수 있는 식단표도 제시해 줄 것이다. 하지만 식단은 본인 입맛에 맞게 조절이 가능하다.

1주일치 식재료를 미리 준비해 둔다. 1주일치 식단을 준비하도록 제시하는 이유는 1주일 단위로 6336+1 and +1 프로그램에 따라 먹어야 할 음식들을 체크하고 채소, 과일, 고기, 생선 등의 식재료를 떨어지지 않게 준비해 두도록 하기 위함이다.

### 4. 식재료의 '질'이 6336+1 and +1 프로그램의 성패를 좌우한다

• 채소, 과일은 수확한 지 3일 이내의 것을 먹도록 한다

채소와 과일은 수확한 이후 시간이 지날수록 비타민, 피토케미컬 등의 함량이 떨어질 수밖에 없다. 비타민 손실을 최소화하기 위해서는 수확 후 24시간 이내에 먹는 것이 가장 좋고, 적어도 2~3일 이내에 섭취해야 한다. 상추를 먹어도 같은 상추를 먹는 것이 아니다.

우리가 마트에서 사 먹는 채소, 과일은 몇 번의 도·소매 유통단계를 거쳐서 냉장 보관된 것이고, 그것도 오늘 온 것이 아니라 마트 냉장고에서 며칠이 지난 채소, 과일이다.

도심에서 수확 후 2~3일 이내의 채소, 과일을 먹는다는 것은 쉬운 일이 아니다. 그래서 우리는 늘 식재료를 구입할 때 유통 과정을 생각해야 한다.

농부가 수확을 해서 포장을 하고 1~2일 이내에 먹는 방법은 직거래를 통해 바로 받거나, 농수산물 도매시장에서 구입을 하는 것이다. 농수산물, 청과물 도매시장, 예를 들어 서울에서는 가락동 농수산물시장, 강서 농수산물시장 등에 가서 채소, 과일을 구매해야 한다. 수확 후 가장 빨리 먹을 수 있도록 구매를 하고, 며칠을 두고 먹더라도 집에서 손질을 한 다음 냉장보관하여 3일 이내에는 먹는 것이 좋다.

그렇다면 유기농 채소, 과일을 고집해야 하는 이유가 궁금할 것이다. 유기농이라고 해서 꼭 다 좋은 것은 아니다. 유기농보다 중요한 것은 신선도이다. 일반적인 농사법으로 재배한 채소, 과일에 묻은 잔류농약 때문에 걱정을 하지만 정부에서 농약별로 잔류농약 허용기준을 강화하고 있고, 부적합한 농산물은 유통을 차단하도록 노력하고 있다.

잔류농약을 줄이기 위해 시장에서 사온 채소, 과일은 담금물 세척법으로 세척한다. 수돗물에 우선 1분 이상 담궈 두었다가 다시 새 물을 받아서 1분 이상 손으로 저어서 물의 마찰로 씻은 후 30초 이상 흐르는 물에 씻어 주는 세척법으로도 잔류농약 제거에 효과적이다.

• 집에서 채소 가드닝을 해서 바로 따서 먹는다

가장 신선하게, 우리가 섭취하고자 하는 비타민, 미네랄, 피토케미컬 등을 농약 걱정 없이 섭취할 수 있는 방법은 심겨져 있는 것을 필요할 때마다 바로 따서 먹는 것이다.

집 베란다에서 직접 채소를 기르는 방법이 있다. 베란다 바닥에 화분을 두고 키울 수도 있지만 봉을 두 세 개 설치해 여러 개의 화분을 걸어서 재배하면 많은 종류의 채소를 재배해서 바로 먹을 수 있고 이보다 더 집중적으로 비타민, 미네랄, 피토케미컬을 먹는 방법은 없을 것이다. 생각보다 어렵지 않고 베란다에서도 매우 잘 자라 많은 사람들이 이미 실천에 옮기고 있는 일이다. 몸을 살리기 위해서 해야만 하는 일이기도 하다.

• 로컬 푸드를 이용할 수 있는지 알아보고 로컬 푸드 판매점에서 구매한다

로컬 푸드란 보통 살고 있는 지역의 반경 50킬로미터 이내에서 재배되어 장거리 운송을 하지 않고 지역 주민들이 구매할 수 있는 농산물을 말한다. 근래에는 도심에서도 로컬 푸드의 공급이 이루어지는 곳이 늘고 있다. 지역 정보를 이용하여 로컬 푸드를 판매하고 있는 곳을 알아보고 구매한다.

• 자연재배한 채소 과일을 구매한다

근래에는 자연재배 요법으로 채소, 과일, 쌀을 재배하는 농가들이 있다. 자연재배는 비료, 농약, 퇴비를 사용하지 않고 식물이 스스로 땅의 양분을 빨아들여 자라나게 하는 농법이다. 따라서 자연재배로 키운 채소, 과일은 살아남기 위해 스스로 힘써 자라나기 때문에 단단하고 무르지 않고 비타민, 미네랄, 피토케미컬 등이 훨씬 풍부하다. 자연재배 농가의 채소, 과일을 직거래하거나 농가를 매주 방문하여 구매하는 것도 좋은 방법이다.

• 신선한 수산물을 구매한다

생선 및 조개류도 신선도가 가장 중요하다. 생물을 구매하기는 쉽지 않으므로 냉동 생선이 아닌 생물을 사려면 주 1회 이상은 농수산물 도매시장을 방문하는 것이 좋다. 또 다른 방법은 건어물을 이용하는 것이다. 여러 가지 반건조 생선을 냉동실에 보관해 요리해 먹는 것도 좋은 방법이다.

• 육고기는 가능한 풀을 먹여 키운 동물의 고기, 항생제와 호르몬을 사용하지 않은 고기를 구매한다

6336+1 and +1 프로그램에서 핵심 포인트 중 하나는 질 좋은 동물고기를 먹는 것이다. 몸을 소생시키기 위해 먹어야 하는 고기는 옥수수 사료를 먹여 키운 고기가 아니라 풀을 먹여 키운 고기다. 또한 유기농으로 키워 항생제나 살충제, 성장호르

몬 주사 등을 주지 않은 동물고기를 먹으면 당연히 우리 몸으로 흡수되는 미토콘드리아를 공격하는 독소의 양이 줄기 때문에 좋을 수밖에 없다.

우리나라에서 풀을 먹여 키운 고기를 구매하는 것은 쉽지 않고 값도 비싸다. 호주나 뉴질랜드산 풀을 먹여 키운 소고기, 돼지고기, 양고기 등을 먹도록 권유한다. 물론 고기를 살 때는 항생제, 살충제, 성장 호르몬 등 사용 여부까지 확인해야 한다. 가금류도 마찬가지이다. 방목으로 키운 닭이나 오리 그리고 유정란 계란을 먹는다.

동물 고기는 반드시 먹어야 하고 양질의 고기를 먹도록 애써야 한다.


## 5. 음식을 먹는 그릇이 중요하다 : 플라스틱 그릇은 치우고 도자기, 유리, 스테인리스 그릇을 사용한다

플라스틱 그릇, 접시, 물컵, 음식을 담는 용기는 식탁과 냉장고에서 치워야 한다. 도자기 그릇, 유리 그릇, 스테인리스 그릇 및 컵, 담는 용기 등을 사용한다.

플라스틱 재질에서는 계속해서 환경호르몬이 나오고, 그릇을 씻을 때 사용하는 세제를 흡수했다가 뜨거운 것이 담기면 그것들을 다시 배출시키기도 한다.

좋은 음식을 먹는 것만 중요한 것이 아니라 음식을 담는 그릇도 중요하다. 세포와 미토콘드리아를 공격하는 환경 독소를 최소한으로 줄여야 한다. 집에 플라스틱 식기가 얼마나 있는지 한번 둘러보고, 과감하게 바꾸어야 한다.

## 6. 매일 음식일기와 몸 상태 변화에 대한 일기를 작성한다

6336+1 and +1 프로그램을 시작하기 전날부터 매일 매일의 실천 여부 음식일기와 몸의 컨디션 변화에 대한 일기를 작성한다. 이것에 대하여는 부록에 실천하기 쉽게 작성 표를 예시로 보여줄 것이다.

음식일기를 작성해야만 제대로 먹고 있는지 매일 확인이 가능하다. 그리고 내 몸의 상태에 대한 작은 변화까지도 기록해 나가면서 본인 스스로가 의사가 되어 자신을 바라봐야 한다.

# 6336+1 and +1
## 프로그램 실행에 옮기기

# 실천편 Ⅰ :
## 6336+1 and +1 프로그램

### 반드시 먹어야 할 음식 6331 + 1 and + 1

| 매일<br>everyday | 6 | 3 | 3 | 6 | +1 | and +1 |
|---|---|---|---|---|---|---|
| 무엇을<br>what | 진녹색<br>잎나물 | 버섯<br>김치 | 무지개<br>빛깔<br>채소, 과일 | 밥 | 해조류 | 동물고기 |
| 얼마나<br>how<br>much | 6 종이컵<br>(180cc)<br>12컵<br>(생으로) | 3 종이컵<br>(180cc) | 3 종이컵<br>(180cc) | 6 종이컵<br>(180cc) | 1 종이컵<br>(180cc) | 1큰 종이컵<br>(340cc) |
| 왜<br>why | 비타민 B<br>복합체 | 황 | 항산화 | 에너지원 | 미네랄<br>해독 | 필수아미노산<br>필수지방산<br>코엔자임 Q<br>비타민 미네랄 |

표로 정리한 6336+1 and +1 프로그램은 미토콘드리아의 기능을 최대로 끌어올리는 음식을 제공하고 미토콘드리아를 공격하는 유해물질들을 해독시키는 음식을 제공하는 미토콘드리

아 부활 프로그램이다. 쉽게 기억하고 실천할 수 있도록 숫자화하였다.

이 프로그램은 미토콘드리아 기능을 최대로 올리는 휠 프로토콜을 바탕으로 만들어졌으며, 우리나라 환경과 식재료를 참고하여 수정을 가하고, 임신을 준비하거나 임신중인 여성에 중점을 둔 프로그램으로 맞도록 변형하였다.

왜 이 음식들을 먹어야 하는지의 원리에 대해서는 뒤에서 이야기를 할 예정이다.

각각의 먹어야 할 항목들을 보면 우리 집 식탁에서 보통 보던 것들이어서 "이것이 뭐가 다른 것인가?" 하고 의문을 가질 수도 있다. 우리는 늘 "채소를 많이 먹어야 한다." "어떤 성분이 좋다."라는 이야기를 하고 듣지만 실제로 무엇을 얼마만큼 그리고 우리의 식탁에 어떻게 재현할 수 있는지에 대해서는 잘 모른다. 6336+1 and +1 프로그램이 매일 우리의 식탁에서 무엇을 얼만큼 어떻게 먹어야 할지를 가이드해 줄 수 있으리라 믿는다. 또한 이것은 절대 채식주의 식단이 아니다. 여러분이 본래 알고 있던 음식에 대한 이론과는 다를 수도 있다.

다시 강조하고 싶은 이야기는 식재료의 '질'이다. 식재료의 질이 어떤 사람에게는 크게 도움이 되고 어떤 사람은 큰 변화가 없는가를 가르게 될 정도로 중요하다.

이번 장에서는 6336+1 and +1이 어떤 프로그램인지 알맹이가 되는 내용을 익히자. 이 책을 다 읽고 나면 결국 다 잊고 이

번 장만 머릿속에 남아도 좋다. 그만큼 중요한 부분이다.

우선 6336 +1 and +1의 숫자를 외우고 어떻게 실천해야 하는지를 알아보자.

6336+1 and +1은 매일 먹어야 하는 음식의 종류와 양을 의미한다. 크게 네 가지 구성 요소인 채소, 밥, 해조류 그리고 동물고기로 구성되어 있다.

633 (채소) / 6 (밥)/ +1 (해조류) / and +1 (동물고기)

네 가지 구성 요소를 아래와 같이 각각의 숫자로 나누어서 매일 먹는다.

종이컵 단위를 사용한 이유는 누구나 가장 쉽게 계량할 수 있는 양이기 때문이다.

| | |
|---|---|
| 6 | 6 종이컵 (180cc)의 진한 녹색 잎 나물(생 채소로 먹을 때는 12 종이컵) |
| 3 | 3 종이컵 (180cc)의 버섯 또는 김치 |
| 3 | 3 종이컵 (180cc)의 무지갯빛 채소와 과일 |
| 6 | 6 종이컵 (180cc)의 밥 |
| +1 | 1 종이컵 (180cc)의 해조류 |
| and+1 | 1 큰 종이컵 (340cc)의 동물 고기(생선, 어패류 포함) |

## 첫 번째 구성요소 : 채소

하루에 총 12종이컵의 양을 6컵, 3컵, 3컵으로 아래와 같이 종류를 다르게 하여 먹는다. 채소는 미토콘드리아 기능 향상에 핵심적인 역할을 하는 식품이다.

휠 프로토콜과 달리 진한 녹색잎 나물을 3컵이 아니라 6컵으로 제시한 이유는 근래 채소들이 함유하고 있는 비타민의 함량이 이전에 비해 낮기 때문이다. 비타민 B 복합체의 섭취가 거의 핵심과 같은 식품이기 때문에 이것은 6컵을 먹도록 고안하였다.

- 6 종이컵(180cc 용량)의 진한 녹색잎 나물을 매일 먹는다

진한 녹색잎 나물을 먹는 핵심적인 이유는 비타민 B 복합체의 섭취를 위해서이다. 이에 대해서는 실천편 Ⅱ에서 상세히 다룰 예정이다. 한 끼 식사를 할 때마다 2컵의 진녹색잎 나물반찬을 먹는다고 생각하면 좋다. 되도록 같은 종류로 총 6컵을 먹기보다는 적어도 3가지 종류는 먹는 것이 좋다. 여러 가지 성분들이 서로 상승효과를 낼 수 있도록 다양하게 먹는 것이다. 나물반찬이 아닌 생채소를 먹게 될 경우는 두 배의 양을 먹는다. 즉 생채소 2컵이 나물반찬 1컵이 된다.

반드시 유기농 채소를 권유하지는 않는다. 중요한 것은 신선도이다. 되도록 수확하고 3일 이내의 것을 구입해서 잔류농

약이 남지 않도록 1분 이상 물에 담가 두었다가 물로 마찰을 주어 씻고 흐르는 물에 헹구어 먹는다.

나물은 푹 삶는 것이 아니라 숨이 죽을 정도로만 끓는 물에 살짝 넣었다가 건져서 요리한다.

6컵을 먹기 위해서는 나물요리의 간을 싱겁게 하는 것이 좋다.

나물을 무칠 때는 참기름, 들기름 등의 기름을 많이 사용한다.

나물을 볶아서 요리할 경우는 가능한 버터로 볶도록 권한다.

아래에 녹색잎 채소 리스트를 제시했는데, 우리나라에는 수 없이 많은 녹색잎 나물들이 있다. 여기에 명시한 나물만이 아니라 주변에서 식용으로 하는 녹색잎 나물들을 찾아보고 먹으면 된다.

| 시금치 | 상추 | 파슬리 | 곤드레 |
|--------|------|--------|--------|
| 삼나물 | 깻잎 | 원추리나물 | 씀바귀 |
| 쑥갓 | 케일 등 각종 쌈 채소 | 고수 | 아욱 |
| 냉이 | 참나물 | 양상추 | 엄나무순 |
| 달래 | 청경채 | 비트, 녹색 잎 | 시래기 |
| 돌나물 | 치커리 | 봄동 | 고수 |
| 취나물 | 곰취 | 비름 | 호박잎 |
| 미나리 | 명의초 | 근대 | 콜라드, 녹색 |
| 머위 | 겨자잎 | 루꼴라 | 피마자잎 |
| 방풍 | 고들빼기 | 잔대나물 | 돌미나리 |
| 유채 | 두릅 | 고춧잎 | |

• 3 종이컵(180cc 용량)의 버섯 또는 김치를 먹는다

버섯과 김치를 먹는 이유의 핵심은 미네랄과 '황'의 섭취를 위해서이다. 버섯반찬과 김치라고 명시한 이유는 황이 집중적으로 들어 있는 채소가 버섯과/ 배추과/ 양파과 채소이기 때문이다.

배추과와 양파과 채소는 우리가 보통 식탁에 올리는 갖가지 김치의 재료들이다. 배추김치, 깍두기, 알타리 무김치, 동치미, 부추김치, 열무김치, 갓김치 등의 여러 종류의 김치를 먹으면 된다. 단, 배추과에는 브로콜리도 포함되는데, 브로콜리는 무지갯빛 채소, 녹색에 포함시켰다.

발효된 익은 김치를 먹을 수 있다면 더욱 좋다. 김치가 아닌 다른 요리로 배추과 채소를 먹어도 좋다. 예를 들어 무를 채 썰어 무나물을 만들어 먹어도 좋고, 생태찌개에 무를 깍둑 썰어 넣고 끓여 먹어도 좋다. 양배추를 쪄서 쌈으로 먹어도 좋다. 샤브샤브에 생 배추를 넣어 익혀 먹어도 좋다.

양파과는 우리가 나물, 버섯반찬, 김치, 찌개, 국을 끓일 때 넣는 파, 마늘, 양파, 생강 등이다. 따라서 이것을 따로 명시하지는 않았다. 우리나라 식단에서 버섯과 김치, 나물, 찌개, 국 등을 먹으면 당연히 양파과 채소는 먹게 되어 있다.

총 3컵 분량의 버섯 또는 김치(배추과 채소)를 매일 먹는다. 매 식사마다 1컵을 먹는다고 생각하면 되고, 여러 가지 종류를 먹을수록 좋다. 되도록 두 종류 이상으로 3컵을 먹도록 하자.

버섯과와 배추과, 양파과 채소는 다음과 같다. 더 많은 종류를 생각하고 응용해보자.

| 버섯과 | | | |
|---|---|---|---|
| 느타리버섯 | 양송이버섯 | 표고버섯 | 새송이버섯 |
| 팽이버섯 | 능이버섯 | | |
| 배추과 | | | |
| 배추 | 얼갈이배추 | 우거지 | 무 |
| 양배추 | 방울양배추 | 시래기 | 알타리무 |
| 열무 | 갓 | 브로콜리 | |
| 양파과 | | | |
| 양파 | 쪽파 | 아스파라거스 | 대파 |
| 마늘 | 생강 | 부추 | 차이브 |
| 풋마늘대 | 콜라드 | 마늘종 | |

• 3 종이컵(180cc 용량)의 무지개 빛깔의 채소 또는 과일을 먹는다

무지개 빛깔 채소 및 과일을 먹는 이유의 핵심은 항산화 식품을 섭취하기 위해서이다. 색깔이 진할수록 좋다.

빨주노초파남보의 화려한 색깔의 채소와 과일을 먹는다. 무지갯빛 채소는 반찬으로도 좋고, 과일은 식전 에피타이저나 후식 또는 간식으로 먹으면 좋다. 한 가지 색깔로 3컵을 먹는 것이 아니라 하루에 두 가지 색깔 이상을 먹는 것이 좋다. 왜냐하면 다른 색깔은 다른 종류의 항산화 성분들이 들어 있고, 다른

종류의 성분들은 우리 몸에서 또다시 서로 상승효과를 낼 수 있기 때문이다.

바나나, 사과, 참외 등의 흰색 과일 및 콩나물, 숙주나물, 도라지, 더덕 등의 흰색 나물은 무지갯빛 과일 및 채소에서 제외한다. 3컵의 무지개 빛깔 채소, 과일을 먹고 추가해서 먹는 것은 괜찮다.

색이 있는 채소와 과일은 다음과 같다. 이곳에 명시된 것 외에 색깔이 있는 채소, 과일을 더 찾아보고 먹으면 좋다.

| 빨강 | | | |
|---|---|---|---|
| 비트 빨강 | 빨강 고추 | 딸기 | 토마토 |
| 수박 | 체리 | 붉은 양배추 | |
| 파랑/ 남색/ 보라/ 검정 | | | |
| 블랙베리 | 블루베리 | 포도 | 보라색 케일 |
| 보라색 양배추 | 아로니아 | 검정 올리브 | 가지 (껍질과 함께) |
| 주황/ 노랑 | | | |
| 당근 | 레몬 | 망고 | 호박 |
| 파인애플 | 골드키위 | 복숭아 | 고구마 |
| 살구 | 파파야 | 오렌지 | 감. 연시 |
| 녹색 | | | |
| 호박 | 녹색 올리브 | 녹색 키위 | 아보카도 |
| 청포도 | 오이 | 멜론 | 완두콩 |
| 샐러리 | 아스파라거스 | 브로콜리 | 녹색고추 |

## 두 번째 구성요소 : 밥

• 하루에 총 6 종이컵(180cc 용량) 분량의 밥을 먹는다

밥을 먹는 이유의 핵심은 에너지원 공급이다.

작은 종이컵으로 누르지 않고 퍼서 하루 6컵, 즉 한끼당 2컵을 먹는다. 우리가 매 끼니마다 1공기를 먹는 것을 말한다.

단, 현미밥 만을 먹는 것은 추천하지 않는다. 현미밥을 하려면 12시간 이상 물에 불렸다가 밥을 지어서 50번 이상 씹어서 먹을 자신이 있으면 시도해도 좋다. 그럴 수 없다면 백미를 먹는 것이 낫다. 현미밥에 대해서는 설명편에서 자세히 다룰 것이다.

## 세 번째 구성요소 : 해조류

• 해조류 1 종이컵(180 cc 용량)을 매일 먹는다

해조류를 먹는 핵심 이유는 풍부한 미네랄 공급과 우리 몸에 들어온 중금속 등 나쁜 성분들을 끌고 나가는 해독작용 때문이다. 해조류는 미역, 다시마, 파래, 김, 매생이, 톳, 우뭇가사리 등이 있고 반찬이나 국으로 섭취한다. 더 많은 종류를 생각해보자.

해조류의 색깔도 녹조류, 갈조류, 홍조류 등 다른 색을 섭취하는 것도 좋다.

## 네 번째 구성요소 : 동물고기

• 양질의 동물고기를 매일 1 종이컵 (340cc 용량 : 300~500그램)
씩 섭취한다

동물고기를 먹는 이유의 핵심은 음식으로 꼭 섭취해야 하는 필수아미노산, 필수지방산 및 비타민, 미네랄을 섭취하기 위함이다. 여기에 내장고기까지 먹으면 미토콘드리아 기능에 매우 중요한 코엔자임 Q, 카르니틴 등을 섭취할 수 있게 된다. 만약 어떤 이유에서든지 채식주의를 실천하고 있는 분이 있다면 건강을 위해서 반드시 식단을 바꿔야 한다고 권한다. 이것에 대해서는 뒤에서 자세히 다룰 예정이다.

양질의 동물고기라 함은 유기농으로 풀을 먹여 키우고 항생제, 호르몬을 사용하지 않은 소고기, 돼지고기, 양고기와 닭, 오리 등의 가금류를 말한다. 생선의 경우는 양식이 아닌 자연산을 의미한다.

우리나라에서는 풀을 먹여 키운 동물고기를 찾기가 쉽지 않다. 근래 몇몇 농가에서 한정적으로 풀을 먹여 키운 소고기를 유통하고 있다는 소식은 있지만 값이 많이 비싸다. 옥수수 사료가 아닌 풀을 먹여 키운 돼지고기도 몇몇 농가에서 시도는 하고 있다고 한다. 풀을 먹여 키운 소나 돼지는 몸무게와 크기가 작아서 농가에서 돈이 되지 못하기 때문에 대부분 옥수수 사료 또는 옥수수 사료를 포함한 곡류 사료를 먹여 키운다.

옥수수 사료나 곡류를 섞은 사료를 먹여서 키운 동물은 우리가 얻고자 하는 필수지방산의 함량이 낮다. 호주나 뉴질랜드산은 유통 과정이 긴 냉동고기를 먹게 되는 단점이 있지만 비교적 쉽고 저렴한 가격으로 유기농 육고기를 이용할 수 있는 장점이 있다. 호주나 뉴질랜드산을 이용하는 것도 좋은 방법이다. 가능하다면 유기농으로 풀을 먹여 키우고 항생제, 호르몬을 사용하지 않은 육고기와 가금류를 선택하여 먹는다.

고기 요리는 다양하게 요리를 해 먹을 수 있다. 스테이크 식으로 구워 먹거나, 찜, 수육, 탕, 볶음 등 여러 가지 방법으로 요리를 해서 먹는다.

우리가 즐겨 먹는 사골, 도가니탕, 곰탕, 갈비탕, 닭곰탕, 닭발 탕은 미네랄, 지방, 단백질, 콜라겐, 글루코사민, 글루타민을 섭취하는 매우 좋은 음식이다. 관절과 뼈 건강에 필요한 액기스이다. 장 누수증 치료제로 사골국물을 매일 한 두 컵 마시는 것이 사용되기도 한다. 언젠가부터 뼈를 우려서 먹는 것은 뼈에 있는 인이 너무 많이 나오고 지방이 너무 많아서 몸에 좋지 않다고 꺼리는 분들도 있는데, 뼈를 우려내어 먹는 것은 정말 지혜로운 영양섭취 방법이다.

생선은 근래 지구 환경이 오염되어 다이옥신 농도의 축적이 문제가 되고 있다. 하지만 오메가 3 지방산 및 필수아미노산, 미네랄 등 너무도 좋은 성분들이 많기 때문에 먹어서 오는 이득과 실을 택해야 하는 상황이다. 크기가 작은 생선은 먹이사슬에 의한 다이옥신 농도가 적기 때문에 작은 생선을 선택하여 먹는 것을 권한다.

신선한 생선을 구하기 위해 1주일에 한번은 농수산물 도매시장을 방문하도록 권한다. 알약으로 오메가 3 지방산을 먹으면 되지 않느냐는 생각을 할 수도 있고, 실제로 많은 사람들이 그 방법을 택하고 있지만, 생선이나 육고기 등의 음식으로 섭취한 것이 우리 몸에서 훨씬 효과적으로 DHA, EPA 수치를 높여준다.

생선을 오래 보관하면서도 영양 손실이 적게 먹는 방법은 반건조 생선을 이용하는 것이다. 반건조 송어, 도치, 임연수, 가자미, 병어, 장어, 굴비, 멸치, 새우 등을 구매해서 냉장 또는 냉동 보관해서 먹는 것도 좋은 방법이다.

1주일 동안 섭취할 육고기와 해산물의 비율은 7:3 정도로 한다.

햄, 소시지, 스팸, 캔에 든 생선 등 가공육, 가공생선은 동물고기에 포함시키지 않는다.

단, 간 기능이 저하된 사람은 단백질 섭취를 제한해야 하기 때문에 본인의 간 기능이 정상적인지 확인해야 한다.

# 실천편 Ⅱ:
## 건강 레벨을 올리기 위한 one step

## 주1회 동물 내장고기 섭취

• 동물 내장고기 = 양질의 단백질, 필수지방산, 미네랄, 비타민 +
코엔자임 Q의 보고

레오나르도 디카프리오가 주연으로 나오는 〈레버넌트 : 죽음
에서 돌아온 자〉라는 영화를 보면서 매우 흥미롭게 지켜본 장
면이 있다. 주인공 휴 글래스(레오나르도 디카프리오 분)가 산속에서
추위와 굶주림으로 시달릴 때 사냥한 고기를 먹던 인디언이 휴
글래스에게도 고기를 떼어 던져주는 장면이다. 휴 글래스가 그
고기를 정신없이 먹는 장면이 나오는데, 그것이 동물의 간인 것
처럼 보였다.

막 잡은 동물의 내장은 최고의 음식 중 하나이다. 우리가 보
충제 광고에서 많이 듣던 코엔자임 Q, 카르니틴, 지용성비타
민, 필수지방산인 오메가 3 및 미네랄의 집합체가 동물 내장

이기 때문이다.

　우리는 가끔 동물의 생태를 관찰하면서 생태계의 중요한 원리들을 발견할 때가 있다. 사자의 사냥 방식이 그러하다. 사자는 사냥을 해서 잡은 동물의 근육고기를 먼저 먹지 않는다. 내장을 가장 먼저 먹는다. 육식동물인 사자에게 내장은 비타민과 미네랄, 각종 효소, 필수지방산 등의 집합체인 것이다.

　우리는 종종 우리의 식이 풍습을 서양의 것에 비교해 미개하다고 보는 경향이 있다. 동물의 내장을 먹는 것도 그 중 하나다. 순대를 먹을 때도 간, 콩팥, 허파를 섞어서 먹고, 내장탕도 즐긴다. 이것을 먹을 것이 없던 시절의 미개한 풍습이라고 생각하는 경우도 있는데, 동물의 내장을 먹는 것은 우리나라가 미개하고 먹을 것이 없었기 때문만은 아니다.

　내장고기는 서양에서도 먹어왔던 음식이다. 동물의 내장이야말로 양질의 단백질과 A, D, E, K 지용성비타민, 비타민 B 복합체, 필수지방산, 아연, 마그네슘, 인 등의 미네랄, 코엔자임 Q의 보고이다. 이것은 우리 몸에 들어와서 다른 단계를 거쳐 필요한 성분으로 바꿔줘야 하는 것이 아니라 우리 세포가 그대로 이용할 수 있는 형태이기 때문에 완전체 영양소를 섭취한다고 생각하면 된다. 특히 동물의 간에는 미토콘드리아 기능에 중요한 카르니틴, 크레아티닌, 코엔자임 Q가 풍부하게 들어 있다. 세포 기능이 특히 많이 떨어져 있는 사람들에게 동물의 내장은 꼭 먹어야 하는 음식이다.

내장고기를 먹는 것이 납득이 된다면 1주일에 1회 이상은 동물고기 1컵을 내장고기로 대체하면 좋다. 레어나 미디움으로 익혀 스테이크를 해 먹어도 좋고 탕으로 먹어도 좋다. 생으로 먹을수록 비타민을 그대로 섭취할 수 있다. 다시마 등의 해조류를 섞어 먹으면 미네랄의 섭취를 더 끌어 올릴 수 있다.


## 발효식품 섭취는 매일

• 발효식품 = 대표적인 효소 음식

요즘 많은 사람들이 효소 음식을 먹어야 한다는 이야기를 하고 있다. 효소 음식의 대표는 효소를 발현시킨 발효식품들이다. 우리나라는 발효식품의 대국이라고 할 만큼 다양한 종류의 발효식품을 가지고 있다. 된장, 간장, 청국장, 김치, 식초, 젓갈, 장아찌, 식물이나 곡식, 과일로 담근 효소 등이 있다.

발효식품은 항산화와 항암효과를 갖는 대표주자들이고, 해독작용과 장내환경 개선, 면역기능 증가까지 중요한 기능들을 하는 식품이다. 잘 먹으면 약이 되는 음식들이다.

하지만 근래 진정으로 발효효과를 얻을 수 있는 좋은 발효식품을 구하는 것은 쉽지가 않다. 예를 들어 마트에서 파는 된장은 밀가루와 각종 조미료로 만들어진 공장 식품이지 항암, 항산화 효과가 있는 된장이 아니다. 믿을 만한 곳에서 제대로 담근 된장, 간장 등의 장을 구해야 한다. 각종 요리의 간을 맞추는 데 들어가기 때문에 특히나 제대로 발효시킨 것을 구해야 한다. 대표적인 발효식품인 간장, 된장, 청국장은 콩 발효 음식으로 콩이 가진 독소는 제거되고 효소는 발현되는 매우 지혜로운 음식이다. 우리가 늘 먹는 반찬을 제대로 간을 해서 먹기만 해도 된장, 간장 등의 좋은 발효식품을 먹는 것이 된다.

묵은지는 최고의 발효식품 중 하나이다. 잘 발효된 김치는 김치의 재료 성분만을 먹는 것이 아니라 우리가 모르는 수만 가지 성분의 발효 성분들을 먹는 것이다. 성분으로 따질 수 없는 상승효과를 몸 안에서 낼 수 있게 된다.

청국장은 끓이면 우리가 원하는 효소, 유익균이 없어진다. 청국장 자체를 끓이지 않고, 다 끓인 국에 올려 먹는 것이 제대로 청국장을 먹는 방식이다.

식초는 감식초, 흑초 등을 구해 물과 섞어서 음료수처럼 하루한 잔 이상 마시면 매우 좋다. 천연 피로회복제이고 효소제, 비타민제이다.

가장 중요한 것은 제대로 발효된 식품을 구하는 것이다. 생선젓갈은 사실 매우 좋은 음식이다. 하지만 근래 시중에서 파는 것은 조미료가 너무 많이 들어가 있어서 집에서 스스로 담그지 않는 한 권하지 않는다.

발효식품을 먹기 위해 요거트를 찾는 분들도 있지만, 우유가 들어간 요거트를 먹는 것은 권하지 않는다. 치즈는 누린내가 날 정도로 진짜 발효된 치즈가 아니면 발효식품이라고 보기 어렵다.


## 좋은 소금

정부와 의료계의 시책에 따라 현재 소금은 국민 건강에서 역적이 된 상태이다. 온 국민이 저염식 노이로제에 걸려 있을 지경이다. 하지만 우리 몸이 바다에서 시작되었다는 것을 생각하면, 그리고 그 증거로 우리 몸 체액의 소금 성분을 생각하면 그렇게 무시할 존재가 아니다.

좋은 소금은 몸을 살린다. 우리나라는 전 세계적으로도 질 좋은 천일염을 가지고 있는 나라이다. 천일염은 짠맛은 적고 미네랄이 풍부하다. 발효식품들을 만들 때 가장 중요한 것 중 하나가 좋은 소금을 쓰는 것이다. 우리가 오해하고 있는 것이 우리나라에 풍부한 천일염과 나트륨 자체인 정제염, 조미염을 똑 같이 보는 것이다.

과거 전쟁터에 나가기 전에 병사들이 중요하게 하는 일 중의 하나는 말에게 소금을 양껏 먹이는 것이었다. 고산지대에서 야크를 몰고 물건을 실어 나르는 사람들도 마찬가지이다. 오랜 여행길을 떠나기 전에 반드시 하는 일은 야크들에게 소금을 실컷 먹이고 길을 떠나는 것이다.

소금은 항염, 항산화, 살균, 방부제 등의 작용을 하고 우리 체액의 적절한 농도를 유지시켜 준다. 그런데 이 기능들이 미네랄이 풍부한 천일염으로 섭취했을 때 몸 안에서 좋은 상승작용을 해 준다. 소금이 고혈압을 일으키고 성인병을 일으킨다는 것은 정제염과 조미염이 잔뜩 들어 있는 가공식품들에 의한 것이다.

우리나라는 미네랄 함량이 높은 질 좋은 세계 최고의 천일염을 생산하고 있다. 세계 최고로 여긴다는 프랑스의 게랑드 소금도 우리의 천일염보다 미네랄, 유기물 성분은 낮고 염분은 더 높다. 우리나라에서 발효식품이 발전할 수 있었던 것도 질 좋은 소금이 있었기 때문이다. 간장, 된장, 김치, 젓갈의 핵심 중 하나도 질 좋은 소금이다.

정제염, 조미염을 먹지 말아야 하는 것이지 소금은 우리 몸에 꼭 필요한 것이다. 정제염, 조미염이 들어간 가공식품은 먹지 말아야 한다. 마트에 가서 모든 식품의 식품 첨가물을 확인해 보면 알 수 있다. 가공 식품에 정제염, 조미염이 들어가지 않은 것이 거의 없다. 심지어는 우리가 마트에서 사는 두부에도 들어가 있다. 정제염, 조미염은 몸을 상하게 한다. 조미료가 몸을 상하게 하는 것이지 소금이 죄인은 아니라는 것이다.

질 좋은 천일염을 이용하여 음식의 간을 하고, 질 좋은 소금으로 만든 발효식품을 먹어야 한다.

# 실천편 Ⅲ : 6336 +1 and +1 프로그램에서 피해야 할 식품

## 담배

21세기에 만들어내고 있는 담배는 수 백 가지의 첨가물이 들어 있는 화학물질 덩어리이고, 담배 연기 속에는 수천 가지의 독성 화학물질이 나온다. 그 작은 담배 한 개피에 수 백 가지의 첨가물이 들어 있다는 것이 신기할 정도이다.

우리가 지금 피우고 있는 담배는 6·25 이전 우리 할아버지들이 피우던 잎담배와는 다르다.

담배를 피우면 6336+1 and +1 프로그램을 실행해도 큰 효과가 없다고 생각해야 한다. 담배가 건강에 좋지 않은 이유를 일산화탄소, 타르, 니코틴 때문이라고 생각하는 분들이 있는데, 그것만이 문제가 아니다. 담배는 초특급 조미료 화학첨가물 덩어리이다. 실제 외국의 담배회사 사이트에는 자사의 담배에 들어 있는 첨가물들을 올려놓고 있다.

필립 모리스만 해도 각 나라마다 판매되고 있는 각 제품의 필터 재료, 필터 접착제 재료, 모노그램 잉크 재료, 측면 솔기 접착제 재료, 담배 종이 재료, 담배에 추가된 제조성분, 티핑 페이퍼 및 티핑 페이퍼 잉크 재료, 필터를 싸는 재료를 각기 올려놓고 있는데, 100가지 이상의 첨가 화학물들이 들어가고 있다. 우리나라 담배 회사들은 아직 공개하고 있지 않다.

아래는 대부분 들어가는 첨가 화학물의 극히 일부이다.


1. 일산화탄소(CO ) (연탄가스 중독 주원인)

2. 아세톤(Acetone ) (메니큐어, 페인트 제거제)

3. 포름알데히드(Formaldehyde) (최루탄, 새집증후군 주원인)

4. 나프티라민(Naphthylamine) (방부제)

5. 메타놀(Methanol) (휘발, 유독성액체)

6. 피렌(Pyrene), 디메틸니트로소아민(Dimethylnitrosamine) (발암물질)

7. 나프탈렌(Napthalene ) (좀약)

8. 니코틴(Nicotine) (살충제, 제초제, 마약)

9. 카드뮴(Cadmium) (중금속, 밧데리 사용)

10. 카본 모녹사이드(Carbon Monoxide) (독성가스)

11. 벤조피렌(Benzopyrene) (강력 발암물질)

12. 비닐클로라이드(Vinyl Chloride) (PVC 원료)

13. 하이드로겐 시아나이드(Hydrogen Cyanide) (청산가리, 독극물)

14. 톨루이딘<sup>(ToluIdine)</sup> (제초제)

14. 톨루이딘(ToluIdine) (제초제)

15. 암모니아(Ammonia) (니코틴의 중독성을 높이는 역할)

16. 우레탄(Urethane) (고무의 대체물질)

17. 아르세닉(Arsenic ) (비소, 흰개미 독)

18. 디벤츠아크리딘(Dibenzacridine)

19. 페놀(Phenol) (석탄산, 소독제)

20. 부탄(Butane)

21. 폴로늄 201(Polonium 210) (방사선)

22. DDT- 살충제, 내분비 교란 물질

23. 초콜릿, 설탕, 코코아 → 타면서 알데히드(발암성분)로 분해

24. 설탕, 소르비톨, 카라멜 → 빨아들이는 횟수를 늘리게 함

25. 아르마테크, 멘톨 → 후각 기능 마비

26. 베르가못 향유

27. 호로파 추출물

28. 에틸 바닐린, 감귤 향유

29. 계피유

30. 커피 추출물

31. 구연산칼륨 (연소 촉진)

32. 표백제와 접착제

33. 타르(Tar)


특히 타르는 담뱃진으로 우리 몸에, 옷에, 담배를 피우는 장

소의 벽지, 커튼, 가구, 바닥재에 눌어붙어 계속해서 독성 화학 물질 및 발암물질을 뿜어 낸다. 본인만 해롭게 하는 것이 아니라 주위 사람들까지 해롭게 하는 것이다.


## 밀가루

밀가루 음식은 피한다. 탄수화물은 쌀로 충분하다. 각종 빵, 각종 케이크, 쿠키, 스낵 과자, 햄버거, 라면 등은 피하도록 한다.

밀가루 음식을 먹지 않는 것이 좋다는 이야기는 많이 들어왔을 것이다. 하지만 밀가루 음식을 끊는 것은 쉬운 일이 아니다. 맛있게 구운 빵, 케이크, 과자의 유혹을 물리치기란 쉽지 않다. 라면, 국수를 먹지 않고 살 수 있단 말인가?

밀가루 음식이 좋지 않은 이유에 대해서는 밀가루에 들어 있는 글루텐 단백질이 사람 몸에서 식품 알레르기 및 과민반응을 일으키는 경우가 많기 때문이라는 이유를 드는 경우도 많고, 그것은 서양인의 경우이고 한국인들의 경우는 드물다고 반박하는 경우도 있다.

'밀'은 오랜 기간 동안 서양의 주식이 되어왔다. '밀'이 정말 나쁜 음식이면 서양에서 그렇게 오랫동안 주식이 될 수는 없었을 것이다. 『밀가루 똥배』(윌리엄 데이비스. '밀가루 똥배', 에코 리브르. 2012)라는 책에서 저자는 할머니가 어린 시절 구워 준 머핀과 지금의 머핀이 같지 않다고 표현한다.

"흰 밀가루, 정제된 밀가루는 나쁘지만 통밀은 좋다."라고 생각하기 쉬운데, 그것이 핵심은 아니다. 핵심은 20세기 중반 이전의 밀과 지금의 밀이 다르다는 것이다. 20세기 중반 이후는 수확량을 개선하고 생산비용 절감과 품질 개선을 목표로 수천 가지의 밀 교잡이 이루어지고 유전자 조합이 이루어졌으며, 그 중에서 가장 생산성이 높은 계통의 밀이 채택되어 그 밀이 현재 전 세계 밀 생산의 90% 이상을 차지하고 있다는 것이다.

20세기 중반 이후의 것은 20세기 중반 이전의 밀에 들어 있던 영양과 글루텐 단백질의 성분이 다르다. 그리고 바뀐 글루텐 성분과 영양이 우리에게 어떤 영향을 미치는지 입증될 수 없을 만큼 짧은 시간에 이루어졌고, 글루텐 함유 음식들이 탄수화물 중독 및 면역계, 호르몬계, 소화관계 장애를 일으키고 있는 것이 현실이다.(윌리엄 데이비스 『밀가루 똥배』, 에코 리브르, 2012)

20세기 중반 이전에 밀을 가지고 소금과 누룩을 넣어 구운 빵과 지금의 빵은 같을 수가 없다. '밀'이 나쁜 것은 아니다. 밀이 없었으면 세계의 식량 공급이 이루어질 수도, 인구의 폭발적인 증가도 있을 수 없었다. 20세기 중반부터 공급되고 있는 밀이 문제인 것이다.

또한 밀가루 음식을 피하는 것이 좋은 다른 큰 이유는 밀가루가 주성분으로 들어간 음식들에 수없이 들어가 있는 첨가물 때문이다. 밀가루 음식 중에서 대표적인 빵, 과자, 케익, 라면 등을 생각해보자. 밀가루만이 문제가 아니라 이 음식들을 만들면서 기타 들어가는 것들 중에 몸에 좋은 것은 없다.

우리의 혀를 단숨에 길들이기 위해 수많은 첨가물이 들어가고 몸에 좋지 않은 기름이 사용되어 튀겨지고 구워진다. 엄청나게 많은 설탕, 가공 버터, 쇼트닝, 여러 번 사용하는 튀김 기름, 식품보존제, 향신료, 색소, 조미료 등이다.

집에서 어머니가 만들어 주는 부침개에 들어가는 밀가루, 엄마가 만들어 주는 튀김까지도 먹지 말라는 것은 아니다. 그 정도는 우리 몸에서 대처가 가능하다. 하지만 제품으로 마트에 진열되어 있는 밀가루 음식은 먹지 않는 것이 좋다. 특히나 이미 만성질환 진단을 받은 분들은 삼가는 것이 좋다.


## 유제품

우유, 아이스크림, 우유 요거트, 치즈, 연유 등은 먹는 것을 피하는 것이 좋다.

우리는 우유를 마시는 것이 당연하고, 필수 식품으로 마셔야 할 것처럼 교육받고 있다. 하지만 우리가 송아지 젖을 마신 지는 사실 그리 오래 되지 않았다.

우유가 송아지에게 하는 역할을 생각해보자. 우유에 들어 있는 많은 양의 단백질과 지방, 당분, 십여 가지의 호르몬들은 송아지의 빠른 성장을 도와준다. 막 태어난 20~60킬로그램의 송아지가 첫달부터 약 3개월은 400그램씩 몸무게가 늘다가 3개월 때부터는 하루에 1킬로그램씩 늘어서 1년이 되면 태어날 때의 몸무게의 약 8배가 된다. 그 때 송아지는 어미젖을 떼게 된다. 사람도 2~3살이 되면 젖 먹는 것을 떼게 되는 것과 마찬가지로 송아지가 태어나서 빠른 성장을 위해 1년간 먹고 다시는 먹지 않는다. 송아지도 더 이상 먹지 않는 어미의 젖을 21세기 사람들은 일평생 마시고 있는 것이다.

소젖을 계속해서 먹는 것이 뭐가 문제인가라고 생각할 수도 있다. 하지만 임산부가 모유 수유를 할 때 먹는 모든 것이 모유로 나오기 때문에 약을 먹는 것도 삼가고 음료수를 마시는 삼가면서 조심조심하는 것을 생각해보자.

우유를 짜는 젖소들은 대부분 반합성 성장호르몬을 맞는다. 그리고 소젖에는 송아지 성장을 위한 IGF-1(인슐린 유사 성장호르몬)이라는 호르몬이 나오는데, 이것은 세포의 비정상적인 증식을 일으킬 수 있다.

우유를 통한 에스트로겐 호르몬 공급도 우리가 간과할 수 없는 것 중의 하나이다. 젖소가 새끼를 배고 있을 때도 소젖을 짜고 특히, 에스트로겐 농도가 높은 임신 후반기에도 소젖을 짜기 때문이다.(티에리 수카르 저, 『우유의 역습』 알마, 2009)

우유에 있는 단백질 카제인도 문제가 된다. 밀에 있는 글루텐 단백질처럼 카제인도 우리 몸에서 알레르기나 민감 반응, 불응 반응 등을 일으킨다. 카제인 알레르기, 민감 반응은 우리가 느끼지 못하지만 실제 우리 몸에서 일어나고 있는 경우가 많다. 만성질환을 진단받은 분들은 특히나 삼가는 것이 좋다. 본인이 1개월 이상 우선 제한하고 몸 상태를 체크하면서 카제인 알레르기가 있는지를 살펴보는 것도 좋다.(Terry Wahls, 'Minding My Mitochondria' TZ press. L.L.C. 2009)

## 가공식품

가공식품은 무조건 피해야 한다.

가공식품은 우선 원재료의 신선도 기준에서 떨어지고, 너무도 많은 첨가물과 방부제, 보존제, 몸에 좋지 않은 기름, 정제염, 조미염이 들어간다.

공장에서 생산돼 포장되어 나오는 식재료 및 식품들은 냉장고에서 과감히 정리해야 한다. 우리가 마트에 가서 장바구니에 담고 있는 대부분의 음식들이다. 햄, 소시지, 라면, 어묵, 캔, 마트 된장, 고추장, 데우기만 하면 되는 냉동식품들, 레토르트 식품들, 만들어진 국, 찌개 등 우리 집 냉장고에 지금 무엇이 들어있는지 확인하고 정리하자.

## 커피와 차

임신 전에 하루 한두 잔의 원두커피를 마시는 것은 괜찮다. 커피를 마시는 것이 문제가 아니라 커피를 담아 마시는 종이컵과 플라스틱컵, 캔이 문제가 된다. 머그컵에 마시자. 커피숍에서는 주문을 할 때 꼭 머그컵에 달라고 이야기를 하거나 본인 텀블러를 챙긴다.

차는 대표적인 발효식품이다. 차를 마시면 좋은 점은 차의 효능을 떠나서 우선 물을 많이 마실 수 있다는 점이다. 차를 제대로 우려내 30분 정도 마시면 0.5에서 1리터 가량도 마실 수 있다. 효능으로 치자면 많은 비타민과 효소를 섭취고 해독작용을 하게 된다.

하지만 이것도 제대로 마셨을 때 비타민과 효소를 섭취하는 장점을 얻게 되는 것이다. 좋은 차는 약이지만 잘못 마시면 독이 된다. 제대로 만든 찻잎을 구해서 제대로 된 방법으로 차를 마실 수 있지 않으면 차라리 보리차나 결명자 차 등 끓인 물을 가지고 다니며 많이 마시라고 권하고 싶다.

물을 1리터 마시기는 어렵지만 차로 마시면 마실 수 있다. 녹차나 홍차 티백 하나를 우려내서 마시면서 차의 효능을 바라기는 어려울 것이다. 티백이 아닌 진짜 녹차나 홍차는 카페인이 많고 몸을 많이 차게 하기 때문에 임신을 준비하는 여성들에게는 권하지 않는다.

공정을 거쳐서 티백으로 나온 여러 가지 향이 들어간 차도 권하지 않는다. 특히 오렌지향, 감귤향, 시나몬향 등의 각종 향의 차는 대부분 합성 착향료가 들어간 경우가 많다. 차를 구입할 경우는 재료 및 함량을 꼭 확인하도록 한다.

가공된 음료수도 마시지 않는 것이 좋다. 100% 과일주스, 두유라고 하더라도 마찬가지다.

차와 커피보다 중요한 것은 따뜻한 물을 마시는 것이다. 찬물, 얼음물은 직접적으로 우리 몸의 중심 온도를 낮추게 되고, 우리 몸은 다시 중심 온도를 높이기 위해 고군분투 해야 한다. 우리 몸 세포의 모든 활동은 체온 유지와 세포 활동에 필요한 에너지를 공급하기 위한 치열한 전쟁터라고 했다. 찬물, 얼음물을 몸의 중심부위에 계속 넣어주는 것은 효소 및 세포활동 능력을 떨어뜨리고 계속 전력낭비를 하는 것이다. 임신을 준비하거나 임신을 한 여성들은 특히나 따뜻한 물을 마셔야  한다.

Q : 6336 +1 and +1로 정확히 나누어 먹어야 하는가?

A: 양을 가늠해 식단을 준비해서 먹는다.

우리나라 음식은 단일 재료로 만드는 음식이 아니다. 그렇기 때문에 여러 가지 식재료를 섭취할 수 있는 장점이 있다. 탕, 찌개, 찜 등의 음식이 있고, 나물을 하나 무쳐도 마늘, 생강, 파, 양파 등 갖은 양념이 함께 들어간다. 생태찌개를 해 먹으면, 생태, 무, 양파, 마늘, 미나리 등 많은 채소들이 들어간다. 생태찌개 큰 국그릇 하나에는 진한 녹색나물 1접시(미나리), 황을 포함하는 채소 1접시(무, 양파, 마늘), 그리고 바다에서 잡은 생선고기(생태)가 포함되어 있는 것이다.

6336+1 and +1은 무엇을 먹어야 하는지, 얼마나 먹어야 하는지, 왜 먹어야 하는지를 쉽게 풀어놓은 것이고, 그 정도의 양을 여러 가지 음식에 응용해서 먹을 수 있다.

Q : 6336 +1 and +1 이외의 음식은 먹으면 안 되는가?

A : 피해야 하는 음식으로 규정한 것이 아니면 먹어도 된다.

6336+1 and +1 프로그램은 매일 꼭 먹어야 하는 음식의 양과 종류를 표현한 것이다. 이 음식을 기본으로 먹고, 그 외의 음식은 먹을 수 있는 여유가 있다면, 피해야 할 음식이 아니라면, 먹어도 된다. 특히 채소와 과일은 6336+1 and +1에 속하는 것을 기본으로 먹고 더 먹어도 좋다.

예를 들어 바나나와 사과, 참외는 6336+1 and +1에 들어가지 않는 과일이다. 하지만 간식으로 먹어도 좋다. 고사리나물은 6336+1 and +1에 들어가지 않지만 반찬으로 먹어도 문제가 없다.

6336+1 and +1 프로그램은 미토콘드리아와 세포 기능을 최대로 끌어올리기 위해 집중적으로 영양을 공급하는 식단이다. 많은 채소와 적절한 지방과 동물고기를 먹는 프로그램이기 때문에 배가 고프지는 않을 것이다. 여기에 속하지 않은 채소와 과일들은 기본을 먹고 곁들여 먹으면 된다.


Q : 설탕은 피해야 하는가?

A : 음식의 양념장 등에 넣는 설탕까지 반대하지는 않는다. 집에서 음식을 조리하면서 넣는 정도는 좋다.

가공식품, 각종 밀가루 음식, 유제품에 들어 있는 설탕은 피한다.

음식을 먹을 때는 늘 원리를 생각해야 한다. 설탕, 정제당을 먹지 않아야 한다는 이야기는 방송을 통해 수도 없이 듣고 있다. 그런데 설탕이 문제가 되는 식품들을 보면 대부분 가공식품이거나 밀가루 음식들이다. 밀가루 음식과 가공식품을 삼가면 자연히 설탕도 삼가게 된다. 집에서 엄마가 만드는 양념장이나 찜요리 양념 등에 들어가는 설탕까지 금하지는 않는다.

Q : 기름은 무엇을 사용해야 하는가?

A : 열을 가하는 음식을 할 때는 동물성 기름인 라드<sup>(돼지고기 지방 정제유)</sup>, 정제 버터, 버터, 코코넛 오일을 이용한다.

음식을 볶거나 부치거나 튀기거나 할 때 기름을 사용하는데, 우리는 보통 '식물성'이라는 설명이 붙으면 무엇이든 안전하고 좋은 음식이라고 생각하지만 기름의 경우에는 그렇지 않다. 참깨, 들깨, 아마씨유 등을 제외한 식물의 씨 기름인 옥수수기름, 콩기름, 포도씨기름 등은 오메가 6 지방산이 주를 이루는 기름이다. 지방에 대해서는 뒤에서 설명할 것이다.

우리는 오메가 6 지방산의 섭취를 줄여야 한다. 또한 식물성 기름은 오메가 6 지방산이 주인 것만이 문제가 아니다. 열에 약해서 열에 의해 파괴되고 산패되거나 트랜스지방으로 변한다. 열에 의해 파괴, 산패, 트랜스지방으로 변한 식물성 기름이 우리 몸에 더 좋지 않다. 카놀라유도 마찬가지이다. 오메가 3 지방산이 있기는 하지만 열에 의해 파괴되어 실제 몸에서는 소용이 없게 되고, 열에 의해 트랜스지방으로 변화되는 양도 많다.

열에 가장 안정적인 기름은 사실 포화지방이다. 즉 튀김, 부침 등 열을 가할 때 사용할 기름으로 가장 안정적인 것은 정제된 동물기름인 라드, 정제 버터나 코코넛 오일이다. 나물을 볶을 때도 버터를 사용해보자.

올리브유는 오메가 3 지방산이 많이 있지만 발연점이 낮아서 튀김, 부침 등에 사용하면 파괴된다. 올리브유, 참기름, 들기름, 아마씨유는 열을 가하지 않고 음식에 첨가해서 먹거나 그냥 한 숟갈씩 떠먹어도 좋다.

특히 들기름은 오메가 6 지방산 중에서 감마 리놀렌산이라는 성분이 주를 이루는데, 이것은 오메가 6 지방산이지만 염증 반응을 낮추는 우리에게 매우 유용하고 필요한 지방산이다.

약이 된다고 하여 근래 외국에서 수입해서까지 아마씨유를 먹기도 하는데, 아마씨유에 많이 들어 있는 성분이 바로 감마 리놀렌산이다. 그런데 우리나라의 들기름은 아마씨유보다도 더 많은 감마 리놀렌산이 들어 있는 최고의 기름이다. 하루에 한 숟갈씩 떠먹어도 좋고 나물 등을 무칠 때 사용해도 좋다.

하지만 들기름을 짤 때 볶아서 짜면 감마 리놀렌산은 파괴된다. 볶지 않고 그대로 압착하여 짜낸 들기름을 구해서 먹어야 하고 쉽게 산패되기 때문에 햇빛이 투과되지 않는 갈색 병에 담아 1개월 이내에 먹어야 한다. 그렇기 때문에 들기름은 조금씩 짜서 빨리 먹어야 하는 기름이다.

# 직장여성들의
# 6336 +1 and +1 프로그램 실행

직장여성들이 아침을 해서 먹기는 쉽지 않다. 많은 여성들이 아침을 거르고 출근하여 커피 한잔으로 때우거나 빵이나 간식을 조금 먹고 있다가, 점심은 구내식당이나 주변 식당에서 사먹고 저녁 한 끼를 집에서 해결하거나 외식한다.

현재 이런 생활방식을 가진 여성이 임신을 계획하고 6336+1 and +1을 실행에 옮기려면 무엇을 먼저 어떻게 해야 할까?

주말 동안 한 주간 먹을 음식을 준비하는 것이 중요하다.

• 주말부터 시작한다.

평일에 식단을 계획하고 본인의 건강을 점검하기는 쉽지 않다. 금요일 저녁이나 토요일 일요일 등에 시작을 준비한다.

시작하는 처음이 가장 바쁘다.

- 음식일기를 작성하고 본인의 상태를 점검한다.

음식일기를 이용하여 현재 먹고 있는 상태를 기록하고, 매일의 몸 컨디션을 적고 시작한다. 본인의 미토콘드리아 건강 수준을 체크하고 실행목표를 몇 퍼센트로 잡을지 계획한다. 3개월 동안 실행목표를 잡았을 때 3개월의 마지막 날이 언제인지 체크해 둔다.

- 프로그램을 실행하며 몸을 건강하게 일으키는 3개월 동안은 남편과 상의해 피임도 계획한다.

- 냉장고를 정리한다.

냉장고와 냉동고에 들어 있는 오래된 음식들, 가공식품, 밀가루 음식, 유제품 등은 미련을 갖지 말고 버린다.

- 주방에서 식기를 정리한다.

플라스틱 반찬통은 미련 없이 정리한다. 다시 사야 할 품목들을 적는다. 비용을 아끼는 좋은 방법은 딸기잼 병, 소스 병 등 이미 구입해 놓은 식품의 빈병을 이용하는 것이다.

- 김치, 된장, 간장, 고추장, 소금, 고춧가루, 기름 등을 어떤 종류로 얼마나 가지고 있는지 체크하고 기록해 둔다.

김치의 종류와 어디서 샀는지, 직접 담근 것인지 확인한다.

된장, 간장, 고추장은 마트에서 산 것이라면 이미 정리되고 없어야 한다. 된장, 간장, 고추장을 어디서 어떻게 구매한 것인지 제대로 발효시킨 것인지 꼼꼼히 살펴보고 체크한다. 참기름, 들기름, 식용유 등의 기름은 무엇이 있는지도 살핀다.

식단을 위해 필요한 리스트를 작성해본다. 제대로 담근 된장, 간장, 김치를 어디서 구매하거나 얻을 수 있을지 적어본다. 김치는 되도록 여러 종류로 구비하고 먹도록 한다. 기름은 라드를 이용하기가 꺼려지면 정제 버터나 코코넛 오일을 구비할 수 있도록 리스트에 올려놓는다.

• 6336+1 and +1 프로그램에 따라 1주일치 식단을 작성하고 필요한 식재료 리스트를 적는다.

직장에서 먹는 점심은 빼고 아침과 저녁 두 끼씩 1주일치 식단을 작성해본다. 집에 있는 재료와 없는 재료를 체크하고 리스트를 적는다.

• 주말에 장을 보러 간다.

농수산물도매시장이나 로컬 푸드 마트, 또는 가까운 시장으로 장을 보러 간다. 농수산물 도매시장을 남편과 꼭 한번 방문하기를 권유한다. 싱싱하고 살아서 팔딱거리는 식재료를 봐야 우리가 마트에서 사먹고 있는 것과 어떻게 다른지 눈으로 확인할 수 있다. 그곳에 가서 장을 보는 것 자체도 재미가 있을 것이다. 1주일치 식단을 위해 필요한 리스트를 구매한다.

- 1주일치 식단의 식재료를 정리한다.

편하게 바로 사용할 수 있도록 채소와 과일, 고기, 생선을 정리한다. 찌개에 쓸 다시마 국물, 육수 국물은 주말에 많이 만들어 놓는다.

- 다음날 아침에 먹을 찌개와 반찬은 저녁에 준비해 둔다.

나물 요리는 손이 많이 가지 않도록 데쳐서 소금 소량과 기름으로 무쳐 먹도록 준비한다. 아침은 꼭 먹도록 한다. 아침을 먹기 시작하면 하루의 집중력이 달라진다.

- 직장에서 점심은 6336 +1 and +1에 근접한 메뉴를 선택해서 먹는다.

식당에서 메뉴를 선택할 때 프로그램에 근접한 음식을 선택하도록 한다.

- 직장에 가면서 늘 마시는 커피는 텀블러에 받아간다.

또는 직장에서 준비된 커피를 마시고 있다면 개인 유리컵이나 도자기 컵을 이용한다.

- 점심 식사 후에 동료들과 커피숍을 간다면 1회용 컵이 아닌 머그

컵에 달라고 미리 이야기한다.

• 집에서 저녁을 준비하기 어려운 때는 외식을 하더라도 좋은 재료를 쓰는 식당들을 알아 두고 이용한다.

예를 들어 추어탕이나 버섯전골, 갈비찜 등을 좋은 재료를 쓰는 식당에서 먹는 것도 방법이다.

• 매일 저녁 음식일기를 작성한다.

3개월 체크 표에도 그날 하루 몇 퍼센트를 실행했는지 표시한다.

6336 +1   and +1

프로그램의 원리

# 6336 +1 and +1
## 프로그램의 성패는
## 식재료의 '질'

6336+1 and +1 프로그램은 미토콘드리아의 기능을 최대로 끌어올리는 음식을 제공하고 미토콘드리아를 공격하는 유해물질들을 해독시키는 음식을 제공하는 미토콘드리아 부활 프로그램이다.

여기서는 각 항목의 원리와 자세한 내용에 대해 이야기하고자 한다. 아마도 6336+1 and +1을 실행하는 데 있어 이해력을 높여 줄 것이다.

여러 번 강조하고 있지만 가장 중요한 원리는 식재료의 '질'이다. 얼마나 신선한 채소를, 얼마나 다양한 채소를, 얼마나 싱싱한 생선을 먹을 수 있는가, 유기농으로 키운 고기를 먹을 수 있는가 하는 것이 6336+1 and +1 프로그램 성패에서 가장 중요한 원리이다. 시작 전 준비사항에서도 이야기했던 바이다.

똑 같은 식단으로 먹어도 어디서 어떻게 구매한 식재료로 만들었는가에 따라 우리 몸에서 실제로 작용하는 것은 다르다. 왜냐하면 똑 같은 이름의 식재료라 할지라도 비타민, 미네랄, 효소, 필수아미노산, 필수지방산의 함량이 다르기 때문이다.

1주일치 식단을 미리 짜고 식재료를 가장 신선하게 구입할 수 있도록 해야 한다. 먼저 주변에 로컬 푸드를 판매하는 곳이 있는지 알아본다. 그리고 주 1회 이상은 농수산물 도매시장을 방문하도록 한다.

### 생채소보다 나물반찬으로

나물반찬은 채소를 살짝 데쳐서 양념에 무치거나, 볶거나, 생채소에 양념을 하여 먹는 방식이다. 한 가지 채소도 나물반찬을 해서 먹으면 먹을 수 있는 방식이 다양해진다. 무쳐서 먹는 경우만 해도 된장 양념, 초고추장 양념, 고춧가루 양념, 간장 양념 등의 방식이 있고, 소금에 들기름이나 참기름만 넣어서 먹을 수도 있다.

우리나라에는 수많은 나물들이 자라고 있다. 나물로 반찬을 해서 먹는 방식은 수많은 채소들을 식용으로 컨트롤할 수 있는 위대한 방식이다. 서구에서 채소를 다양하게 많이 먹지 못하는 이유는 샐러드나 구워 먹거나 하는 방식 외에 채소를 컨트롤하여 먹을 수 있는 방법이 없기 때문이기도 하다. 많은 종류의 채소를 모두 생채소 샐러드로 먹어야 한다고 생각해보자. 불가능하다. 생으로만 먹는 시금치, 콩나물, 도라지, 미나리, 깻잎, 배추 등을 떠올려 보자. 아마 상상이 가지 않을 것이다.

그렇다면 나물반찬은 구체적으로 어떤 장점이 있을까?

**첫째, 데쳐서 먹는 채소는 샐러드에 비해 적게는 두 배, 많게는 세 배 이상 먹을 수 있다.**

생채소 한 접시는 100그램 정도밖에 되지 않으나, 데치게 되면 그 부피가 줄어들어 훨씬 많은 양을 먹을 수 있게 된다. 미나리나 쑥갓을 다듬어서 큰 사발에 가득 들어가게 담았다가 마지막에 끓는 생선찌개에 올려 먹어 본 사람들은 알 것이다. 생으로 큰 사발을 먹으려면 엄두가 나지 않던 채소를 한 주먹 정도 양으로 거뜬히 먹을 수 있게 된다. 또는 샤브샤브를 먹을 때를 생각해보자. 큰 쟁반에 가득 올려놓은 채소를 끓는 물에 넣어 건져서 먹다 보면 어느새 다 먹고 없다. 이와 같이 섭취할 수 있는 양적인 면에서 장점이 있다.

**둘째, 영양학적으로 비타민, 미네랄의 소화흡수가 좋다.**

흔히 채소는 익히는 것보다 생으로 먹는 것이 더 많은 영양소를 섭취할 수 있다고 생각하는 경우가 많다. 하지만 몸에 들어오기 전에 우리 눈앞에 있는 채소나 과일이 함유하고 있는 비타민, 미네랄, 피토케미컬 등이 생으로 섭취했을 때, 그 양 그대로 흡수가 될 것이라고 생각하는 것은 우리 몸을 로봇처럼 생각하는 것이다.

생채소 자체는 식물의 세포벽 때문에 비타민 미네랄 무기질 등의 흡수가 낮다. 또한 장이 좋지 않은 사람들은 더욱 흡수가 낮고 장을 힘들게 한다. 채소를 익히면 물론 익히는 시간에 따라 비타민이 파괴된다. 하지만 그것은 채소의 종류와 시간에 따라 정도가 다르다. 또한 나물은 푹 익혀 먹는 것이 아니라 끓는 물에 살짝 넣었다 꺼내 채소의 숨을 죽이는 정도로 향과 맛을 살려 먹는 것이기 때문에 비타민 손실은 크지 않고 흡수율은 높게 할 수 있는 방법이다.

또 어떤 채소는 살짝 익히는 것이 비타민 흡수를 더 높이는 경우도 있다. 또한 채소에는 비타민만 있는 것이 아니라 각종 미네랄 등이 채소의 종류에 따라 갖가지 종류와 양으로 함유되어 있다. 미네랄은 열에 의해 파괴되지 않는다. 나물로 살짝 데치면 미네랄 흡수도 좋다.

**셋째, 안전성이다.**

채소를 생으로 먹을 때 가지고 있을 수 있는 세균과 식물 스스로 가지고 있는 독소 성분이 뜨거운 물에 데침으로써 죽거나 해독되며, 질소 비료로 인한 질산염 또한 감소된다.

넷째, 좋은 기름들을 함께 섭취할 수 있다.

나물을 무칠 때 사용하는 참기름, 들기름은 오메가 3 지방산과 우리 몸에 많이 필요한 감마 리놀렌산이 매우 많이 들어 있다. 좋은 기름들을 함께 섭취할 수 있는 장점이 있다.

다섯째, 잎채소를 생으로 먹어서 얻는 효소나 피토케미컬 등의 이득은 고기를 먹을 때 쌈채소로 이용해 섭취해도 충분하다.

피토케미컬은 식물이 스스로를 방어하기 위해 만들어내는 각종 화학물질을 말한다. 자신을 방어하기 위한 성분이기 때문에 쓴맛, 매운 맛, 매운 향, 강한 색깔 등 강하고 독특한 맛과 향과 색을 내뿜는 특징이 있고 종류만도 4000여 가지가 넘는다.

이 안에는 항산화, 항암, 면역강화, 항염증, 통증 완화 등 수없이 많은 역할을 하는 성분들이 있다. 당연히 갓 수확한 채소에 가장 많은 성분이 있고, 시간이 지날수록, 열을 가할수록 일부를 제외하고 피토케미컬 성분은 저하될 수밖에 없다. 따라서 녹색잎 채소의 피토케미컬을 정말 제대로 섭취하려면 직접 가드닝을 해서 바로 따서 먹는 것이다. 그렇지 않으면 적어도 수확 후 3일 이내의 쌈 채소를 먹는 것이 좋다.

생채소를 통한 효소나 피토케미컬의 이득은 우리가 고기를 먹을 때 이용하는 쌈채소를 충분히 이용하도록 한다.

## 왜 진한 녹색잎 채소를 먹어야 하는가?

• 진한 녹색잎 채소 = 비타민 B 그룹 = 미토콘드리아 에너지 생성에 필수

6336+1 and +1은 미토콘드리아 기능을 최고로 부활시키기 위한 프로그램이다. 미토콘드리아가 세포호흡 기능을 유지하기 위해 필요한 매우 중요한 비타민이 비타민 B그룹$^{(family)}$이다. 비타민 B는 세포의 에너지 생성과 세포 기능에 필수적인 효소들의 작용을 돕는 중요한 협동인자$^{(cofactor)}$이다. 비타민 'B그룹$^{(family)}$'이라고 이야기하는 이유는 비타민 B에는 비타민 $B_1$$^{(Thiamin)}$, 비타민 $B_3$$^{(Niacin)}$, 비타민 $B_5$$^{(Pantothenic\ acid)}$, 비타민 $B_9$$^{(Folic\ acid)}$, 비타민 $B_{12}$$^{(Covalamin)}$ 등 여러 가지가 있기 때문이다.

비타민 B 그룹의 여러 가지 비타민 B는 한 가지 채소에 한 가지씩 들어 있는 것이 아니라 녹색잎 채소에 복합적으로 섞여서 집중적으로 들어 있다.

식품으로 섭취하는 비타민 B그룹이 부족하면 미토콘드리아의 기능과 보전은 손상된다.[1] 6336+1 and +1 프로그램에서 가장 먼저 나오고 가장 많이 섭취하도록 권유하고 있는 숫자 6이 녹색잎 채소인 이유가 여기에 있다.

비타민 B 그룹이 미토콘드리아의 에너지 생성에 작용하는 것

은 각기 한 가지 비타민 B가 한 가지 작용 기전에만 작용하는 것이 아니다. 서로 의존하여 복합적으로 작용한다. 미토콘드리아 에너지대사 작용과 비타민 B들 사이에는 서로 가까운 연결들이 있고 그렇기 때문에 비타민 B는 복합적으로 미토콘드리아 기능에 필요하다.

다시 강조하면 비타민 B 복합체는 녹색잎 채소에 집중적으로 들어 있다. 또한 진한 녹색잎은 요즘 우리가 많이 듣고 있는 피토케미컬(phytochemical)의 보고이기도 하다. 피토케미컬은 식물 뿌리나 잎에 각 식물마다 자신을 보호하기 위해 만들어내는 각종 화학물질이다. 이것이 우리 몸에 들어왔을 때는 항산화 역할과 세포손상 억제, 면역기능, 항염증 작용, 항암작용 등을 한다.

녹색잎 채소에는 비타민 B뿐 아니라 비타민 A의 전구체, 비타민 C, 비타민 K도 풍부하다. 비타민 A는 면역체계, 성장, 발달, 유지 및 시각 기능에 중요한 역할을 하고, 조혈, 항산화 역할도 한다. 비타민 C는 콜라겐 합성의 보조인자(cofactor)로 상처가 난 조직, 혈관, 연골 등의 형성, 발달, 유지에 중요한 역할을 하고 건강한 피부를 위해서도 중요하다. 또한 면역력 유지와 항산화 작용에서도 중요한 역할을 한다. 비타민 K는 혈액 응고 시스템 및 칼슘 대사와 관련이 있고 혈관을 튼튼히 한다.

위에서 나열한 것들 외에도 수없이 많은 작용들 그리고 현대 과학이 알아내지 못한 기능들로 녹색잎 채소에 들어 있는 비타민들이 우리 몸에서 작용하고 있다.

그렇다면 미토콘드리아에 필요한 비타민을 하나하나 따져서 알약으로 한 움큼 섭취해도 같은 효과가 나올 것인가? 군이 힘들게 이것들을 음식으로 섭취해야 하는가? 하는 의문들이 들 수 있다.

우리 몸 세포에서 일어나는 화학반응들은 한 가지 작용 기전의 방식으로만 일어나지 않는다. 각 비타민, 미네랄, 조효소 등은 수십, 수백 가지의 작용들을 하고 서로 서로의 작용이 복잡하게 얽혀 있다. 비타민 B가 중요하다고 비타민 B만 먹어서 될 일도 아니고, A, C, K를 정제해서 먹을 일도 아니다. 생명체 안에서 일어나는 화학작용은 단순한 일방통행을 하지 않는다.

예를 들어 진한 녹색잎 채소에는 우리가 아직 알아내지 못한 이름 붙이기도 어려운 수 천 가지의 효소, 항산화물질, 피토케미컬들이 들어 있다. 이 물질들이 우리 몸에 들어와서 각 비타민, 미네랄, 항산화물질이 최상으로 작용할 수 있도록 상승작용을 해 주고 도와주는 것이다. 즉 비타민이 흡수되어 세포에서 사용될 수 있도록 도와주는 조효소들도 식물 스스로 가지고 있다고 봐야 한다. 그렇기 때문에 몸이 안 좋은 사람들이 비타민 성분만 들어 있는 비타민을 섭취했을 때는 그 비타민을 소화, 흡수, 작용, 배설시키기 위해 오히려 다른 조효소들만 낭비되는 경우도 있다.

그래서 반드시 음식으로 섭취해야 한다!

# 왜 황을 함유한
# 채소들을 먹어야 하는가?

황(sulfur) = 미토콘드리아 기능, 해독, 신체의 구성 성분

- 황을 다량 함유한 채소 = 배추과 / 버섯과 / 양파과 채소

미네랄 '황'을 많이 먹어야 한다는 이야기는 우리에게 익숙하지 않을 것이다. '황'이 많이 든 채소를 많이 먹어야 함을 널리 퍼뜨린 사람이 테리 휠(Terry Wahls)이다.(2, 3)

황은 우리 몸의 주요 구성 성분인 미네랄이고 음식을 통해 섭취해 주어야 한다. 황이 많이 들어 있는 채소는 배추과, 버섯과, 양파과 채소로, 우리가 '황'이라는 성분을 모르더라도 배추과, 버섯과, 양파과 채소들은 각종 매체를 통해 항암, 항산화, 항염증, 해독작용 등 득이 되는 수없이 많은 작용에 대해 익히 들어 온 음식들이다.

'황'은 신체 대부분의 조직 구성 성분이며, 황−철 단백질을

이루어 미토콘드리아 세포호흡 과정의 산화 환원 작용에 중요한 역할을 한다. 또한 아미노산인 시스테인, 시스틴, 메티오닌의 구성 성분이 된다. 이중 황 결합$^{(disulfide\ bond)}$을 단단하게 이루어 신체의 머리카락, 손톱, 발톱 등을 탄력 있고 강하게 하고, 피부, 연골, 힘줄, 뇌 등의 조직을 비롯하여 호르몬이나 효소의 구성 성분이 된다. 또 다른 중요한 작용이 글루타치온이라는 우리 몸의 항산화물질의 구성 성분이 되어 인체 내의 산화환원 반응에 중요한 역할을 하고, 중금속과 결합하여 신체 외부로 배출시키는 중요한 해독작용을 한다. 이밖에도 항산화제, 산 알칼리 평형, 각종 해독작용 및 배설, 항암작용, 면역작용 등 수없이 많은 작용에 참여하는 미네랄이다.[2, 3]

황은 아미노산 구성 성분이기 때문에 보통 육류, 계란 등의 단백질 섭취를 통해서 많이 섭취할 수 있다. 하지만 황이 많이 들어 있는 채소들을 통한 섭취를 하면 좋은 이유는 피토케미컬, 비타민, 기타 미네랄 등을 함께 섭취함으로써 여러 가지 상승효과를 얻을 수 있기 때문이다.

십자화과 채소(배추과), 버섯과, 양파과(마늘, 양파, 파) 등은 대표적으로 '황'을 다량 함유한 채소들이다. 6336+1 and +1 프로그램에서 버섯과 김치를 하루 3컵씩 먹도록 권유한 것은 이 때문이다.

양파과 채소에 대해 따로 명시하지 않은 이유는 김치를 비롯하여 우리나라 밥상 차림에서 마늘, 양파, 파, 생강, 쪽파, 부추 등이 들어가지 않는 음식이 거의 없기 때문이다. 또한 배추과 채소를 나열하지 않고 김치를 먹으면 된다고 한 이유는 김치의 주 재료인 배추, 얼갈이배추, 무, 알타리무, 갓 등이 대표적인 배추과 채소이기 때문이다. 여러 가지 김치를 먹으면 배추과와 양파과 채소를 먹는 것이고, 여기에 발효까지 된 김치를 먹는다면 금상첨화이다.

배추김치, 배추 겉절이, 얼갈이 배추김치, 열무김치, 깍두기, 갓김치, 총각김치, 부추 무침, 파김치 등을 다양하게 먹도록 하자.

# 왜 무지개 빛깔 화려한 색의
# 채소와 과일을 먹어야 하는가?

## 화려한 색 = 항산화 = 활성산소의 방어 기제 = 미토콘드리아와 세포 손상 방지

색색의 채소와 과일에는 항산화물질인 피토케미컬이 매우 많이 들어 있다. 그리고 이 항산화물질들은 각 색깔마다 종류도 서로 다르고 그 양도 서로 다르게 함유되어 있어 여러 가지 색깔의 채소 및 과일을 먹어야 한다. 한 종류의 과일이나 채소로 3컵을 채워서 먹는 것이 아니라 적어도 두 가지 이상의 색깔을 채워 먹는 것이 좋다. 진한 색일수록 좋다.

피토케미컬은 식물 뿌리나 잎에 각 식물마다 자신을 보호하기 위해 만들어내는 각종 화학물질이라고 말했다. 자신을 보호하기 위한 색과 향 쓴맛 등이 우리 몸에서 항산화 및 항염증, 항암작용 등을 해 준다.

각각의 색깔에는 어떤 성분들이 들어 있을까?

| 빨강 계통 | 리코펜 | 토마토, 수박 |
|---|---|---|
| | 캡사이신 | 고추 |
| 주황색 | 베타카로틴 | 당근, 호박, 귤, 멜론, 망고, 살구, 고구마 |
| 노란색 | 플라보노이드 | 양파, 레몬 |
| | 루테인 | 골드키위 |
| | 커민 | 강황 |
| 녹색 | 클로로필 | 신선초, 쑥갓, 브로콜리 |
| 파/ 남/ 보 | 안토시아닌 | 가지, 딸기, 아로니아, 검정콩 |
| | 레스베라트롤 | 적포도주 |
| | 탄닌 | 포도 |

하지만 위에 열거한 것처럼 한 가지 채소, 과일에 한 가지 성분만 들어 있는 것은 아니다. 대표적인 것들을 나열한 것이다. 갖가지 성분이 상승작용을 해 주기 때문에 음식으로 섭취해야만 한다.

1부에서 항산화물질에 대해 설명하면서 활성산소에 대해 이야기를 했었다. 활성산소는 세포와 미토콘드리아 사이의 커뮤니케이션의 통로라고 하였고, 활성산소의 양에 민감하게 반응해야만 세포는 자기교정과 세포자살을 이행할 수 있게 된다고 설명했다.

따라서 세포는 항산화물질도 필요한 만큼 관리해야 한다. 필요 이상은 제거한다. 그러니 광고에서 선전하는 각종 항산화제를 모두 먹는다고 세포가 그것을 모두 사용하는 것은 아니다. 어쩌면 필요 없는 것을 치우느라 에너지를 더 쓰고 있는지도 모른다. 그래서 우리 몸을 로봇처럼 공식화하여 약을 주는 것이 오히려 해가 될 수도 있다.

정말 중요한 것은 세포에서 발생되는 활성산소를 제거하는 것보다 활성산소가 많이 나올 수밖에 없게 되는 환경을 고쳐 주어야 하는 것이다. 즉 세포에 계속적으로 주어지는 환경 독소, 담배, 외상 등의 스트레스와 미토콘드리아를 삐걱거리게 만드는 영양적 불균형을 잡아주는 것이 중요하다.

하지만 약이 아닌 음식으로 항산화물질을 섭취하는 것을 권유하는 이유는 항산화물질이 많이 들어 있는 음식들은 여러 가지 진한 색깔의 채소와 과일인데, 이 음식들에 어느 한 가지 성분만 들어 있는 것이 아니기 때문이다. 항산화 기능이 큰 비타민 A, C, E, K와 수만 가지의 피토케미컬 그리고 효소들이 들어 있고, 이 성분들은 서로가 또 상승작용 또는 해독작용을 하며 우리가 모르는 여러 가지 다른 방식과 다른 정도로 세포에 작용하며 활성산소가 나오는 환경을 함께 고쳐줄 수 있기 때문이다.

우리 몸 세포의 여러 가지 작용은 생태계처럼 복잡하게 얽혀 있다. 몇 가지 성분만을 공급하는 비타민제나 영양보충제는 우리가 먹는 음식으로 공급해 주는 것을 따라 갈 수 없다. 먹는 음식에 의해 공급되는 비타민과 항산화물질이 우리 몸에 가장 적합하게 사용될 수 있고 혹여 과잉될 경우 이것을 해소하는 것도 약으로 과잉 공급된 것보다 수월하게 몸에서 처리할 것이다.

따라서 꼭 음식으로 섭취해야 한다!

# 왜 쌀밥을
먹어야 하는가?

〉〉
〉〉

## 쌀밥 = 기본 에너지 공급원

우리가 움직이고 행동하는, 모든 생명 활동을 위한 에너지원으로 포도당이 필요하고, 쌀은 에너지 공급원으로 훌륭한 음식이다. 뇌, 적혈구, 콩팥 속질, 눈의 수정체와 각막, 고환 등은 우리가 움직이든 움직이지 않든 많은 에너지원을 필요로 하는 기관들이고 특히, 이 기관들에 포도당이 지속적으로 공급되어야 한다.

이 에너지원으로서 쌀만큼 좋은 것은 없다. 근래에는 백미를 설탕이나 밀가루와 같다고 말할 정도로 백미에 대한 망언이 쏟아져오고, 당 제한 다이어트를 이유로 밥을 많이 먹는 것을 오히려 원시인처럼 몰아가는 경향이 있다. 하지만 백미는 우리 밥상의 중용을 지켜 주는 중요한 주 에너지원 식품이다.

언론 매체에서도 백미에는 당 성분만 있고 혈당을 빠르게 올려 마치 현대인이 앓고 있는 대사증후군이나 당 중독증이 모두 흰 쌀밥 때문인 것처럼 몰아가는 경향이 있다. 하지만 쌀은 여름철 햇빛과 물을 머금고 자라 가을에 수확한 씨앗이기 때문에 많은 에너지를 함유하고 있고, 단백질과 비타민도 함유하고 있다. 물론 비타민 섭취가 쌀의 목적은 아니다. 에너지를 빨리 낼 수 있게 하는 것 자체가 쌀의 기능이다.

쌀은 한 가지 음식만 먹어도 삶을 연명할 수 있는 유일한 음식이지 않을까 싶다. 반찬이 없어도 흰 밥, 흰쌀죽만 끓여 먹어도 혀를 질리지 않게 하고 생명의 연명이 가능하다. 하지만 닭고기만, 돼지고기만, 고등어 한 가지만 먹으면서 몇 달을 연명하기는 어려울 것이다. 또한 쌀밥이 식탁의 중용을 지켜주는 이유는 밥 때문에 우리가 다양한 반찬과 찌개를 한 끼 식사에 먹을 수 있기 때문이다. 6336+1 and +1 식이요법을 할 수 있는 것도 쌀밥이 있기 때문이다. 밥이 없으면 많은 반찬과 국을 한 끼 식사마다 먹기는 어렵다.

왜 쌀의 목적을 단백질, 비타민 섭취에 두는가?

쌀의 목적은 에너지원이다!


**왜 현미는 권하지 않는가?**


그렇다면 현미에 대한 이야기를 해보자. 현미로 지은 밥이 가장 건강에 좋은 것이었으면 우리 조상들이 주식으로 현미를 먹지 않았을 이유는 없을 것이다. 현미를 주식으로 하지 않은 데는 그만한 이유가 있다.

현미는 벼의 왕겨만 벗겨낸 상태로 씨앗 자체이다. 모든 씨앗은 자신을 보호하기 위해서 다른 생명체에는 해가 되는 성분들을 가지고 있다. 현미도 마찬가지이다. 현미는 싹을 틔우기 전까지 씨앗을 보호하기 위한 효소억제제 성분을 함유하고 있고, 이것을 섭취하면 우리 몸은 이 효소억제제를 완화시키거나 배설시키기 위해 우리 몸이 가지고 있는 효소를 아주 많이 사용해야 한다. 몸을 힘들게 한다는 뜻이다.

또한 현미는 입 안에서 50번은 씹어서 침과 잘 섞어 먹어야만 소화 흡수가 된다. 밥을 먹으며 10번을 씹기도 쉽지 않다. 즉 현미의 이득이라 불리는 성분들이 실은 소화 흡수되지 않고 대부분 빠져나가고 있다는 뜻이다.

이론상으로 좋은 것이 실제로 항상 득이 되는 것은 아니다. 우리나라 사람들이 현미를 주식으로 하지 않은 데는 몸으로 체득한 이유들이 있는 것이다. 우리나라뿐만이 아니다. 쌀을 주식으로 해온 나라들 중에서 현미를 주식으로 먹어온 나라는 없다. 현미의 독소를 제거하고 먹으려면 적어도 12시간 이상 쌀을 불리거나 발아 현미를 압력솥이 아닌 일반 솥에 천천히 익혀서 밥을 해야 하고 먹을 때는 50번 이상 입에서 씹어 넘겨야 한다.

그럴 자신이 있는 이들은 현미밥을 먹어도 좋다.

## 흰 쌀의 누명

요즘 탄수화물이 염증 질환을 가속화한다고 하여 탄수화물 제한 식단이 제안되고 있다. 이에 대해서는 찬성이다. 하지만 가만히 생각해보자. 고혈압, 당뇨, 비만, 고지혈증, 심장질환, 뇌질환, 자가면역질환 등을 가진 환자들이 과연 쌀밥을 많이 먹어서 질환에 시달리고 있는가? 시골에서 농사를 지으며 밥을 큰 밥그릇에 가득 담아 드시는 분들이 위에서 언급한 질환에 시달리는 경우는 드물다. 즉 밥이 문제가 아니라 가공식품과 밀가루 음식으로 섭취하는 탄수화물이 문제인 것이다.

빵, 케이크, 쿠키, 도넛, 스낵, 피자, 햄버거, 파스타, 감자튀김, 요구르트, 요거트, 아이스크림, 떡볶이, 각종 튀김, 핫바, 어묵, 알코올, 라면, 자장면, 샌드위치, 크림치즈 베이글, 파르페, 머핀, 각종 가당 크림….

위에서 열거한 음식들을 먹지 않고 밥만 많이 먹어서 고혈압, 당뇨, 비만, 고지혈증, 심장질환, 뇌질환, 자가면역질환이 걸리는 경우는 드물다. 흰 쌀밥의 역할은 에너지 공급원이고, 쌀은 그 역할을 충실히 하는 우리의 주식이다.

흰 쌀은 혈당지수(당질을 함유한 식품을 섭취 후 당질의 흡수속도)를 빨리 올리기 때문에 좋지 않다는 이야기를 매체를 통해 또는 의학 뉴스 등을 통해 듣기도 하였을 것이다. 하지만 혈당지수가 당의 질을 의미하는 것이 될 수는 없다.

쌀밥의 당 지수는 92로 높고 카스테라, 라면의 당 지수는 70 전후이다. 머핀은 59밖에 되지 않는다. 그렇다면 가장 좋은 당은 머핀이고 쌀은 가장 하급의 당원이란 말인가? 또는 쌀밥 100그램은 흰 설탕 100그램과 같이 나쁘다고 우리를 현혹시키지만 쌀과 설탕은 그 시작점인 곡류가 다르고 쓰이는 용도가 다르다. 쌀밥만 먹고는 연명을 할 수 있어도 흰 설탕을 같은 용량으로 먹고서는 연명할 수 없다. 식생활 때문에 만성질환에 걸린 사람들 대부분은 서구화된 음식이나 인스턴트식품들, 과도한 알코올 섭취 등으로 식생활을 관리하지 못한 경우다.

쌀은 여름의 뜨거운 햇살과 물을 머금고 자라난 에너지원 덩어리이다. 그러기 때문에 쌀만 먹어도 연명이 가능한 것이다. 쌀의 주 역할은 에너지원이고, 먹은 후 혈당을 빨리 올리는 것은 에너지원으로서의 역할을 충실히 하고 있을 뿐이다. 밥을 먹어야 힘이 나는 이유도 그것일 것이다. 쌀밥을 먹는 것은 단백질이나 비타민을 얻기 위한 주 목적이 아닌 것이다.

즉 흰 쌀은 문제가 아니다. 가공식품의 탄수화물, 밀가루 음식, 각종 유제품에 들어 있는 설탕 섭취를 하지 않아야 한다.

흰 쌀밥은 밥상의 중용이다. 쌀밥이 있어야 6336+1 and +1도 가능하다.

## 팔레오 다이어트와 쌀

팔레오 다이어트(원시 다이어트)란 농업이 시작되기 전까지 매우 오랜 기간 채집 생활로 영양분을 섭취해온 인류가 농업이 시작된 이후 탄수화물 식사를 하면서 모든 질환의 뿌리가 시작되었다고 보고, 인류의 유전자가 매우 오랜 기간 동안 적응해온 원시 상태의 영양 섭취로 돌아가자는 다이어트이다. 팔레오 다이어트에서는 탄수화물 섭취를 전분이 많이 들어 있는 과일까지도 배제할 정도로 제한시킨다.

하지만 농업이 시작되기 이전 인류의 평균수명은 30세 미만이었다. 세계 인구가 폭발적으로 증가하고 수명이 늘어난 이유는 농업이 발달했기 때문이었다. 농업의 부정은 인류의 성장을 부정하는 것과 마찬가지이다.

실제로 만성병 환자들 중에서 탄수화물을 끊고 몸이 좋아진 사람들도 많이 있다. 이 책은 임신을 계획하는 여성이나 임산부를 대상으로 하기 때문에 쌀까지 끊는 극한의 다이어트를 추천하지는 않지만, 심한 만성병에 시달리는 환자에게는 탄수화물을 아예 끊고 케톤 식이를 하는 것이 도움이 되기도 한다.

하지만 탄수화물을 끊었을 때 염증 반응을 줄여 주는 가장 큰 이유는 가공식품의 탄수화물, 밀가루 탄수화물, 설탕이 다량 포함되어 있고 몸에 해로운 기름이 들어간 탄수화물, 결국 자본주의가 침투한 음식들을 먹지 않는 데 열쇠가 있을 것이다.

동양에서 주식으로 먹어온 쌀이나 서양에서 20세기 중반 이전에 먹던 밀은 우리 몸을 망치고 있는 탄수화물에서 제외되어야 한다고 생각한다.

탄수화물은 우리 몸의 에너지원이다. 이 에너지원을 찾는 육체의 욕망을 너무 제한하게 되면 언젠가 이것도 폭발하게 되어 있고 오래 가기가 어렵다. 그래서 쌀밥이 우리 밥상의 중용이라고 하고 이것을 기본 식단으로 유지해야 한다고 보는 것이다.

# 왜 해조류를
# 먹어야 하는가?

## 해조류 = 미네랄의 보고, 해독작용

해조류에는 요오드 및 셀레늄 성분이 많이 들어 있다. 이것은 우리 몸에 들어온 중금속의 해독작용 및 항산화작용을 증가시켜 주는 음식이다. 요오드는 체내의 납, 수은 등의 중금속을 배출하는 것을 돕는다. 갑상선 호르몬의 성분이기도 해서 우리 몸의 대사작용과도 연관이 크다. 해조류에 들어 있는 알지네이트라는 성분이 있는데, 이것은 솔벤트, 플라스틱, 중금속, 심지어는 몸 안의 방사능도 제거하는 데 매우 유용하여, 이 성분은 실제 약으로도 이용되고 있다. 항암 효과로 잘 알려진 U-후코이단은 갈조류에 속하는 미역, 다시마, 톳, 그리고 일본 갈조류인 모즈쿠에 많이 들어 있다.

해조류는 요오드뿐 아니라 각종 중요한 미네랄의 보고이다. 칼슘, 구리, 철, 요오드, 리튬, 망간, 마그네슘, 칼륨, 셀레늄,

실콘, 황, 아연, 실리콘 등을 함유하고 있다. 또한 비타민 B그룹과, A, C, E, K도 함유하고 있다.

우리가 어떤 성분의 미네랄들을 알약으로 섭취하는 것보다 해조류의 섭취를 통해 얻는 것이 좋은 이유는 해조류에는 한 성분의 미네랄만 들어 있는 것이 아니라 위에서 열거한 것처럼 각종 미네랄과 비타민 등이 함께 있어 섭취 효과를 높이고 몸 안에서 작용할 때 상승효과를 크게 할 수 있기 때문이다.

해조류가 우리에게 중요한 음식일 수밖에 없는 이유는 생명체의 시작이 미네랄이 가득한 바다에서 시작되었기 때문이다. 그렇기 때문에 바다 음식들, 바다의 해조류는 미네랄이 집중적으로 많이 들어 있고, 이것은 우리 몸을 풍요롭게 할 수밖에 없다.

서양 사람들은 해조류라는 식재료에 익숙하지 않아서 먹는 것이 쉽지 않다. 하지만 우리나라 사람들에게는 아주 편하고 익숙하게 먹을 수 있는 음식이니 축복이 아닐 수 없다. 하루 식사 중에서 1컵은 해조류를 추가해야 한다.

색색으로 녹색, 갈색, 붉은색, 해조류를 매일 1 컵씩 섭취하자.

# 왜 동물고기를
# 먹어야 하는가?

**동물고기 = 필수아미노산 + 필수지방산, 비타민, 미네랄, 지방 공급원**

양질의 단백질을 섭취하는 것은 6336+1 and +1 프로그램에서 매우 중요한 구성요소이다. 만약 어떤 이유에서든지 채식주의를 실행하고 있는 사람이라면, 건강을 위해 단호히 돌아서야 한다고 권한다.

양질의 고기라 함은 유기농으로 풀을 먹여 키운 소고기, 돼지고기, 양고기, 그 외에 야생에서 잡은 동물고기와 닭, 오리 등의 가금류, 각종 생선 및 조개류를 말한다. 매일 큰 1 종이컵(340㏄ 용량 ; 300~500그램 이상)은 먹어야 한다.

동물고기만 우리에게 공급할 수 있는 성분들이 있다. 우리는 채식주의자들이 더 건강한 식사를 하고 있다고 생각하는 경우가 많지만 사실은 그렇지 않다.

# 육식의 필요성 : 인간은 채식동물로 시작도 진화하지도 않았다

• 필수아미노산의 공급

필수아미노산은 몸 안에서 합성이 되지 않으므로 반드시 음식을 통해서 섭취해야 하는 아미노산이다.

우리 몸에서는 단백질만 할 수 있는 일들이 있다. 신체의 구성 성분이 될 뿐 아니라 세포 안의 각종 화학반응의 촉매 역할을 하는 효소의 성분이며, 항체를 형성하는 면역기능을 포함한 중요한 기능을 담당한다.

단백질은 아미노산 사슬로 이루어져 있다. 이 아미노산은 필수아미노산, 비필수아미노산, 준필수아미노산의 세 가지가 있는데, 필수아미노산은 몸 안에서 합성이 되지 않으므로 반드시 음식을 통해서 섭취해야 한다.

동물 단백질에는 우리가 필요로 하는 필수아미노산의 모든 것들이 들어 있다. 하지만 식물에는 우리가 필요한 모든 필수아미노산이 들어 있지 않다. 곡식은 라이신과 트레오닌이 부족하고, 콩류는 황을 함유하고 있는 아미노산인 메티오닌이 부족하다. 이것은 채식주의자들이 필수아미노산을 모두 얻고 있지 못하다는 뜻이며, 근육이나 다른 기관을 구성하는 아미노산을 빼내서 생명을 유지하는 데 필요한 일을 하고 있다는 의미가 된다. 결과적으로 우리의 근육과 내부 장기를 유지하는 데 문제를 일으키고, 근육 약화 및 장기의 손상을 줄 수밖에 없다.

• 필수지방산의 공급

필수지방산도 필수아미노산처럼 우리 몸에서 스스로 만들 수 없다. 따라서 음식으로 반드시 섭취해야 하는 지방이다. 이것을 음식으로 섭취하지 못하면 우리 몸에 손상을 줄 수밖에 없다.

필수지방산은 '오메가 3 지방산'과 '오메가 6 지방산' 두 가지가 있다. 오메가 3 지방산은 또다시 ALA(alpha-linolenic acid), DHA(docosahexaenoic acid), EPA(eicosapentaenoic acid) 세 가지의 형태가 있다. ALA가 우리 몸에서 사용되기 위해서는 반드시 DHA나 EPA로 변환되어야만 한다.

오메가 6 지방산도 LA(Linoleic acid), AA(arachidonic acid), GLA(gamma-linolenic acid) 세 가지의 형태가 있다.

오메가 3와 오메가 6 지방산은 모두 음식을 통해서 섭취해야 하는 필수지방산이지만 현대의 식생활을 유지하는 대부분의 사람들에게 오메가 6 지방산은 과잉 상태이다.

우리 몸 안에서 오메가 3와 오메가 6 지방산의 비율은 1:1～1:4가 이상적이다. 1:1에 가까울수록 좋지만 21세기 현대인은 이 비율이 약 1:10 이상이다. 오메가 6는 염증반응을 일으키는 방향의 일을 주로 하기 때문에 오메가 6의 비율이 오메가 3에 비해 상대적으로 과도하게 높으면 혈관 및 조직의 염증 반응이 증가하고 심혈관 질환들이 증가한다.[4, 5]

현대인들이 오메가 6를 과잉 섭취하게 된 두 가지 주된 이유는 식물의 씨앗을 통해 지방산을 얻는 것과, 풀보다 곡식 사료를 먹여 사육을 한 동물고기를 섭취하는 데 있다.

오메가 6 지방산이 많이 들어 있는, 식물의 씨앗에서 얻는 기름이라 함은 콩기름, 옥수수기름, 포도씨기름 등을 말한다. 물론 오메가 3 지방산이 많이 들어 있는 씨앗들도 있다. 우리가 대중 매체를 통해 많이 들어온 아마씨유, 참깨, 월넛, 헴프 씨와 같은 것들이 그런 종류이고, 건강을 위해 이런 기름들을 많이 섭취하는 것은 좋다.

하지만 씨앗에서 온 기름들은 우리 몸이 필요한 형태의 오메가 3인 DHA와 EPA를 함유하고 있는 것이 아니다. 이 기름들은 오메가 3 지방산 중에서 ALA를 주로 함유하고 있고, 이것이 우리 몸에서 실제로 필요로 하고 사용되는 오메가 3 지방산인 DHA, EPA로 전환되기 위해서는 여러 번의 반응을 거쳐야 한다. 즉 ALA는 짧은 사슬 분자이고 몸에서 긴 사슬의 DHA, EPA 오메가 3 지방산으로 전환되기 위해 여러 번의 과정을 거쳐야 한다. 따라서 우리가 섭취하는 ALA의 약 5% 정도만이 DHA로 전환된다.

우리 뇌의 70%는 지방이다. 뇌신경을 싸고 있는 수초가 지방 덩어리이고 그것의 주 성분이 DHA이다. 우리 뇌가 많이 필요로 하는 DHA의 양을 얻기 위해서는 10배 20배의 ALA를 섭취해야 한다. 그렇기 때문에 식물의 씨앗에서 얻는 ALA보다 동물이 함유하고 있는 우리 몸이 바로 사용할 수 있는 형태인 오메가 3

지방산인 DHA와 EPA를 얻는 것이 우리에게 큰 이득이다.

동물고기를 통해 오메가 3 지방산을 많이 섭취하려면, 풀을 먹여 키운 고기, 자연산 물고기 등을 먹어야 한다.

- 비타민 A와 D는 동물식품을 통해서만 얻을 수 있다

완전한 비타민 A와 D는 동물 식품을 통해서만 얻을 수 있다. 우리가 보통 많이 알고 있는 당근에 많이 들어 있는 비타민 A는 사실 진짜 비타민 A가 아니라 비타민의 전구체 베타 카로틴이다. 채소가 함유하고 있는 베타 카로틴은 비타민의 전구체이다. 따라서 개개인의 몸의 기본 상태에 따라 그리고 요리법에 따라 베타 카로틴이 얼마나 비타민 A가 되는지는 모를 일이다. 그렇기 때문에 비타민 A 자체를 먹어야 한다.

비타민 A는 동물 식품에만 들어 있다. 비타민 A는 시력, 뼈 건강, 생식능력, 면역기능을 위해 꼭 필요한 것이다.

비타민 D의 경우도 살펴보자. 비타민 D의 가장 좋은 소스는 모두가 알고 있듯이 햇빛이다. 하지만 물고기나 정제 버터에서도 비타민 D를 얻을 수 있다. 비타민 D는 뇌 건강, 뼈 건강, 면역세포 건강에 필요하다. 동물의 간과 대구의 간에 있는 기름은 비타민 A와 비타민 D의 좋은 소스이다.

- 비타민 $B_{12}$(covalamin)도 동물식품을 통해 얻을 수 있다

비타민 $B_{12}$인 코발라민(covalamin)은 육류를 통해서 흡수될 수

있다. 가장 좋은 코발라민 소스는 소고기이며 특히, 소고기의
간이다. 다른 장기의 고기도 좋다.

**• 채식주의는 위 산의 산도를 낮게 하고, 각종 미네랄의 흡수율을 낮춘다**

오랫동안 채식주의를 유지해 온 사람들은 위산의 농도가 낮
을 가능성이 매우 크고 산도가 낮은 위산은 비타민 $B_{12}$의 흡
수를 비효율적으로 만든다. 다른 많은 미네랄의 흡수도 방해
한다. 이것은 뇌나, 심장 문제, 골다공증, 건강하지 않은 장내
박테리아 번식으로 인해 결국 장 누수증과 자가면역질환의 위
험성을 크게 한다.

**• 지방의 중요성**

필수지방산을 제외한 지방은 무조건 나쁜 것으로 여기는 경
향이 있다. 사실은 그렇지 않다.

– 지용성비타민 A, D, E, K는 지방과 결합해야만 소화, 흡
수, 운반될 수 있다.

– 지방은 건강한 피부, 머리를 유지하는 데 매우 중요하다.
이는 곧, 체온을 유지시키고, 충격에 대비해 신체 장기를
둘러 싸 보호하고, 세포 건강을 증진시키는 데 중요하다.

– 지방은 병을 일으킬 수 있는 것들에 대한 유용한 완충 역
할을 한다. 즉 몸에 안전하지 않은 수준의 화학물질이 혈
액에 있을 때, 지방이 효과적으로 그 물질들을 녹여 방어한

다. 이것은 중요 장기를 보호하는 것을 돕고, 이후 소변이나 땀으로 배출될 수 있다.

우리는 동물성 지방, 포화지방은 몸에 나쁜 것으로 여기고 식물성 지방은 무조건 좋은 것으로 여기도록 교육을 받아왔다. 하지만 동물성 지방, 즉 육고기를 통한 포화지방은 우리 몸에 필요한 것이다. 위에서 열거한 지방의 필요성을 충족시키기 위해 꼭 필요하다! 포화지방이라 함은 육고기, 버터, 달걀 등 동물성 식품에 주로 들어 있지만 코코넛기름처럼 식물성 기름에 들어 있기도 하다.

근래에는 "포화지방 섭취가 심혈관질환을 높인다는 근거가 없다."는 결론들이 나오고 있을 뿐 아니라, 포화지방이 오히려 우리가 보통 이야기하는 좋은 콜레스테롤의 수치를 높이고, 중성지방의 수치를 낮춘다는 보고들도 속속 나오고 있다. 심혈관질환을 높이고, 콜레스테롤 수치를 높이는 것은 오히려 가공식품을 통해 섭취되는 다량의 탄수화물이 주원인으로 지목되고 있다.(6, 9)

포화지방의 또 하나의 특성은 열에 매우 안정적이라는 것이다. 반면 식물성 기름들은 열에 매우 취약하다. 우리가 튀김 기름으로 사용하는 콩기름, 옥수수기름, 포도씨기름, 카놀라유(카놀라유는 오메가 3 지방산이 비교적 많이 들어 있으나 열에 의해 파괴되고, 정제 과정에서 화학약품이 많이 들어간다.) 등은 오메가 6 지방산만 많이 들어 있을 뿐만이 아니라 열에 의해 파괴되고 산패되거나 트랜스지방으로 변한다. 열에 의한 파괴, 산패, 트랜스지방으로 변한 식물성 기름이 우리 몸에 더 좋지 않다.

일반적인 튀김 기름으로는 동물성 기름을 사용하는 것이 좋다. 돼지 지방 정제유인 라드나, 정제 버터, 코코넛 오일을 사용한다. 나물들을 볶을 때도 식물성 기름보다 버터를 이용하는 것이 좋다.

다시 강조하자면 우리가 보통 열을 가하여 사용하는 식물성 기름이 우리 몸에 훨씬 좋지 않다.

제**4**부

⟨⟨⟨--------------------------⟩⟩⟩

미토콘드리아를
공격하는
환경에서 탈출하기

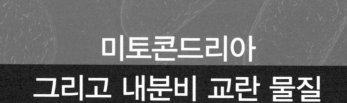

미토콘드리아
그리고 내분비 교란 물질

# 미토콘드리아의 적
# 내분비 교란 물질

내분비 교란 물질이란 우리가 보통 환경호르몬이라고 부르는 것을 말한다. 하지만 내분비계 장애 물질 또는 교란 물질이란 용어가 더 알맞다. 즉 우리 신체에 들어와 실제 호르몬과 비슷한 구조를 가지고, 내분비 기관에 작용하여 실제로 사용되어야 할 호르몬의 생리 작용을 교란시킴으로써 호르몬 유사 작용도 하고 호르몬 봉쇄 작용 및 촉발 작용 등을 일으키는 화합물을 말한다.

내분비 교란 물질에는 다이옥신, 폴리염화비닐(PCB), 퓨란, 페놀, 살충제와 농약, 담배에 포함된 DDT 등이 있다. 환경오염, 플라스틱제품, 일회용제품, 각종 화학제품인 방부제, 염색약, 접착제, 페인트, 형광물질, 농약, 살충제, 담배 등 사실 우리는 내분비 교란 물질과 환경오염, 화학제품에 포위된 세계에서 살고 있다고 봐도 무방하다. 아마 내가 살고 있는 집, 내가 가고 있는 카페, 매일 출근하는 직장, 다니고 있는 학교, 걸어 다니는 길, 자주 가는 식당 등 주위를 둘러보면 온통 이런 물질들에 둘

러싸여 있다는 것을 알 수 있다. 특히 내분비 교란 물질 중 다이옥신, DDT, 퓨란, 벤젠 등은 잔류성 유기오염물질(Persistent Organic Pollutants)에 속하는데, 이 물질들은 지용성으로서 분해되지 않고 환경과 생물체에 오랫동안 잔류하며, 식품을 통해 흡수되면 지방조직에 축적되고, 체내 농도는 나이가 들수록 점차 높아지게 된다.

우리는 내분비 교란 물질에 대해서 막연히 "나쁘다." "우리 몸의 정상적인 호르몬 작용을 방해한다."라는 정도만 생각할 수 있지만 이 물질들이 실제로 미토콘드리아와 세포 기능을 저하시키는 데 매우 큰 역할을 하고 있다는 것은 잘 모른다. 더 나아가, 환경호르몬은 비소, 수은, 납과 같은 중금속들과 상호 작용하여 병세를 더욱 악화시키고, 특히 자가면역질환의 일종인 다발성 경화증의 경우는 이것이 뇌신경병증에 크기 기여하고 있다. 내분비 교란 물질은 미토콘드리아의 큰 적이다. 그리고 미토콘드리아 기능 이상은 만성질환의 뿌리라고 앞에서 말했다.

만약 건강한 식사를 하고 있는 현대인이라면 본인의 의지와 상관없이 미토콘드리아와 세포 기능 이상에 가장 큰 영향을 받고 있는 것은 내분비 교란 물질, 잔류성 유기오염 물질, 포름알데히드 등의 각종 화학 물질일 것이다. 물건에서, 그릇에서, 벽지에서, 옷장에서, 음식에서 그런 물질들이 나오는지도 모르고 우리는 생활하고 있는 것이다.

우리나라 예방의학 이덕희 교수에 의해 잔류성 유기오염 물질이 제2형 당뇨병의 발병률을 증가시킨다는 사실을 밝혀냈다. 중요한 것은 많은 양에 갑자기 노출되지 않았을지라도 적은 양이라도 꾸준히 잔류성 유기 오염물질에 노출될 경우 인슐린 저항성이 증가하고 대사증후군이 증가한다는 것이다. 그런데도 실제로 우리는 적은 양일지는 모르지만 늘 유기오염 물질에 노출된 채로 살고 있다.

6336+1 and +1 프로그램을 시행하는 것만큼 중요한 것은 환경오염 물질을 의도적으로 피하는 것이다. '의도적'이라는 표현을 사용한 것은 의지를 가지고 적극적으로 피해야 한다는 의미이다. 특히 아이를 가질 예정인 여성, 임산부는 더욱 조심해야 한다. 또한 아빠의 정자를 통해서도 내분비 교란물질은 전해진다. 정자에 남아 있는 내분비 교란 물질이 수정란에 전달되거나, 또는 유전자의 발현을 껐다 켰다 스위치 역할을 하는 후성 유전체의 변이가 정자의 유전자에서 일어나고 변이된 정자의 유전자가 수정체에 전달되는 것이다. 즉, 아빠의 내분비 교란 물질, 환경 오염물질, 각종 화학 물질의 노출 또한 태어날 아이의 건강에 큰 책임이 있는 것이다.

"어떤 성분이 어디에 들어 있다."라는 것을 익히는 것보다 더욱 중요한 것은 실제로 우리가 살고 있는 환경에서 어떤 물건이 오염물질을 방출하며 어떻게 피할 수 있는지를 알아야 한다는 것이다.

# 내분비 교란 물질의
# 피해를 최소화하기

**최대한 노출 피하기**

- 플라스틱, 1회용 용기, 1회용 종이컵, 캔
1. 주방에서 플라스틱 및 일회용 제품을 멀리 한다.
    - 부엌에서 담는 용기로 사용하는 플라스틱 통은 유리나 스테인리스 용기로 교체한다.
    - 먹는 그릇이나 컵으로 사용하는 플라스틱 제품은 유리나 스테인리스, 도자기 재질로 교체한다.
    - 플라스틱 통에 들어 있는 생수는 되도록 마시지 않는다. 수돗물을 끓여 마시는 것이 더 안전하다.
    - 주방에서 사용하는 비닐, 랩, 호일 등의 사용을 피한다.
2. 커피숍에서 1회용 플라스틱 컵이나 종이컵 사용을 하지 않지 않는다.
3. 커피숍에 있는 머그컵을 이용하거나 개인용 텀블러를 가지

고 다닌다.

4. 컵라면이나 일회용 용기에 담긴 식품을 먹지 않는다.

    – 가공식품, 레토르트 식품, 인스턴트 식품 등의 1회용 용기에 들어 있는 음식은 먹지 않는다.

5. 캔에 든 음식, 음료를 피한다.


- **집안 가구, 카펫, 벽지**

1. 본드로 범벅된 접착제가 들어간 합판으로 만든 가구, 플라스틱 가구, MDF 가구는 구입하지 않는다.

2. 합성수지 카펫, 침대 매트, 합성가죽 소파 등은 구입하지 않는다.

3. 페인트칠을 한 가구, 형광이 들어간 벽지는 되도록 피한다.


- **욕실용품, 여성용품**

1. 샴푸, 목욕 제품 종류를 한두 가지로 최소한 줄이고, 안정성이 확보된 제품을 구입한다.

2. 치약은 사용하지 않는다. 치약은 화학 물질 덩어리이다.

– 참기름, 올리브오일, 소금 등을 이용하여 칫솔로 닦아주는 것이 좋다. 또는 그냥 칫솔질만 하는 것이 건강에 더 좋다.

3. 여성 향수, 화장품 등 향이 들어간 제품의 사용을 자제한다.

4. 사용하는 여성 화장품의 수를 최소로 줄인다.

- 살균제, 살충제, 제초제, 농약

1. 살균제, 살충제(예: 모기약, 바퀴벌레약, 개미약), 방향제 등은 사용하지 않는다.
2. 채소, 과일 등은 농약이 씻겨 나가도록 30초 이상 물에 담갔다가 물로 마찰해서 씻은 후 흐르는 물에 세척해 먹는다.
3. 자연재배한 채소, 과일을 구매한다.

- 식품 오염

1. 유기농 동물고기를 먹는다.
2. 자주 먹는 생선은 크기가 작은 생선을 먹는다.

- 공해

1. 자동차 매연, 미세먼지를 주의하고, 심할 때는 마스크를 꼭 이용한다.
2. 담배 연기에 노출되지 않도록 한다.

- 환경오염

결국 우리가 환경을 오염시킨 결과를 우리가 받고 있는 것이다. 환경오염을 줄이기 위해 위에서는 결국 내분비 교란 물질, 각종 화학 물질을 내보내는 제품의 생산을 줄여야 한다. 즉 우리 스스로가 그런 물건들을 원하지 않아야 한다.

## 땀과 소변, 담즙으로 배출하기

땀샘, 신장, 간의 땀을 내는 운동을 통해 땀으로 배출시키고 물을 많이 마셔서 소변으로 배출되도록 한다. 특히 땀으로 배출하기 위한 사우나, 반신욕도 좋은 방법이다. 단, 본인이 열기에 잘 견디지 못하는 편이라면 사우나는 위험할 수 있다.


## 해독작용을 돕는 음식 섭취하기

6336 +1 and +1을 실행에 옮기는 것은 음식으로 독소를 배출시키는 방법이다. 해독작용이 좋은 음식들은 다음과 같다.

- 해조류 : 해조류에 많이 들어 있는 요오드와 셀레늄의 해독작용
- 미네랄이 풍부한 음식 : 해조류, 동물고기, 내장고기
- 황 함유 채소
- 항산화 채소, 과일
  - 6336+1 and +1을 통해 매일 섭취하는 음식들.

# 코어운동으로
# 부활하는 미토콘드리아

# 코어운동 법

코어운동이란 우리 몸의 중심축이 되는 근육을 세워 주는 운동이다. 코어 근육은 우리의 모든 움직임에서 힘과 운동성이 발생되는 곳이고 중심 골격구조를 유지시킨다.

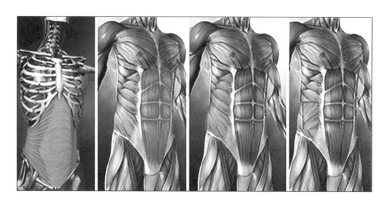

코어 근육

몸의 중심축이란 허리, 복부, 골반, 엉덩이, 허벅지 근육을 말한다. 척추 기립근, 복근, 척추 회전근, 장요근, 엉덩근, 대퇴근 등이다. 그림에서 보는 것처럼 이는 몸 밖으로 보이는 근육과 눈에는 보이지 않으나 척추나 골반 뼈 안쪽에 붙어 있는 근육 모두를 말한다. 눈에 보이지 않는 척추와 내 골반으로 연결되는 장요근, 엉덩근 근육들을 단련함으로써 몸을 세워주는 것이 중요하다. 코어운동을 해 주어야 눈에 보이지 않는 속 근육들을 발달시킬 수 있다.

코어 근육들은 신체 움직임의 '힘'이 발생되는 곳이고, '힘', 즉 '에너지'가 곧 미토콘드리아라고 했다. 코어 근육은 결국 미토콘드리아의 숫자를 늘리고 기능을 올리는 중심 역할을 한다. 우리가 운동을 통해서 미토콘드리아를 건강하게 할 수 있는 가장 중요한 것이 코어 근육 운동이다.


## 코어 근육 = 미토콘드리아

우리가 방송 매체를 통해 보는 방송인들 중에서 코어 근육이 매우 발달한 연예인은 '김병만'씨라고 생각한다. 코어 근육이 곧 미토콘드리아라고 했다. 코어 근육이 발달한 사람들은 에너지가 넘치고 열정이 넘치고 행동이 민첩하다. 근육이 밖으로 울퉁불퉁하게 튀어나온 사람들보다도 코어 근육이 발달한 이가 바로 김병만 씨 같은 사람이다. 방송에서 다시 한 번 그의 움직임을 잘 살펴보라.

또한 허리, 복부, 골반, 엉덩이, 허벅지 근육 등의 중심 근육이 바로 서야 척추와 골반 뼈가 비틀어지지 않고 바로 서게 되고 몸 안의 장기와 척추신경들이 눌리거나 비틀어지지 않는다.

코어운동을 6336+1 and +1 프로그램과 함께 병행하면 미토콘드리아 기능을 향상시키는 데 큰 효과를 올릴 수 있다. 코어운동도 음식일기처럼 시행 여부를 기록하고, 몸의 컨디션 변화도 기록하면 좋다.

코어운동으로 할 수 있는 운동법은 종류가 매우 많다. 웹 검색을 하면 수도 없이 많은 종류의 코어운동이 검색된다. 동영상으로 보여주는 것도 많기 때문에 본인이 할 수 있는 것으로 5~6가지 동작을 30초, 1분, 3분 이상 버텨보고 익숙해지면 5분 이상, 7분 이상 등으로 시간을 증가시켜 본다. 각각의 운동을 허리, 배, 골반, 엉덩이, 대퇴 근육을 구부렸다 폈다 하면서 반대로 작용하며 코어근육을 강화시켜 주면 좋고, 하루를 시작하는 아침이나, 하루를 마감하는 저녁시간에 스스로의 몸을 돌아보며 시행하는 것이 좋다.

자신의 몸과 대화하는 시간을 매일 20~30분 동안 갖는 것은 몸뿐만이 아니라 정신적인 스트레스 해소에도 크게 도움이 된다.

부록

## 6336+1 and +1 메뉴로 이용할 수 있는 식재료 및 반찬

| 봄나물 반찬 | |
|---|---|
| | – 냉이 : 냉이 무침, 냉이 된장국 |
| | – 달래 : 달래 무침, 달래 된장국 |
| | – 봄동 : 봄동 겉절이 |
| | – 머위 : 머위 무침, 머위 쌈 |
| | – 방풍 : 방풍나물 무침 |
| | – 유채 : 유채나물 무침 |
| | – 곰취 : 곰취 쌈, 곰취나물 무침 |
| | – 곤드레 : 곤드레나물 무침, 곤드레나물 볶음 |
| | – 씀바귀 : 씀바귀 무침, 씀바귀 겉절이, 씀바귀 쌈 |
| | – 고들빼기 : 고들빼기김치, 고들빼기 무침, 고들빼기 쌈 |
| | – 두릅 : 두릅 무침, 두릅 데침 |
| | – 엄나무순 : 엄나무 무침, 엄나무순 데침 |
| | – 풋마늘대 : 풋마늘대 무침 |
| | – 돌나물 : 돌나물 무침 |
| | – 돌미나리 : 돌미나리 무침 |
| | – 참나물 : 참나물 무침, 참나물 겉절이 |
| | – 쑥갓 : 쑥갓나물 무침, 쑥갓 볶음, 각종 탕에 곁들여 먹기 |
| | – 미나리 : 미나리 무침, 탕, 찌개에 곁들여 먹기 |
| | – 아욱 : 아욱국, 아욱 무침, 아욱 쌈 |
| | – 삼나물 : 삼나물 무침, 초고추장 무침 |
| | – 원추리나물 : 원추리나물 무침 |
| | – 잔대나물 : 잔대나물 무침 |

| 4계절 이용이 가능한 나물 | 깻잎, 상추, 케일, 겨자잎, 치커리, 시금치, 우거지, 시래기, 콩나물, 숙주나물, 도라지나물, 더덕 등 |
|---|---|
| 해조류 | 미역, 톳, 다시마, 김, 파래, 매생이, 우뭇가사리 등 |
| 생선 : 구이, 찜, 찌개, 회 | 꽁치, 고등어, 연어, 동태, 가자미, 임연수, 갈치, 아구, 장어, 전어, 곰치, 황새기, 조기, 부세 등 |
| 연체류 | 오징어, 문어, 낙지, 주꾸미, 꼴뚜기, 각종 조개류 (홍합, 꼬막, 골뱅이, 맛조개, 백합, 소라, 고둥, 전복, 굴, 재첩 등), 해삼, 멍게 등 |
| 육고기 | 돼지고기, 소고기, 양고기, 개고기 등 |
| 가금류 | 닭고기, 오리고기 등 |

## 반드시 먹어야 할 음식 6331 + 1 and + 1

| 매일 everyday | 6 | 3 | 3 | 6 | +1 | and +1 |
|---|---|---|---|---|---|---|
| 무엇을 what | 진녹색 잎나물 | 버섯 김치 | 무지개 빛깔 채소, 과일 | 밥 | 해조류 | 동물고기 |
| 얼마나 how much | 6 종이컵 (180cc) 12컵 (생으로) | 3 종이컵 (180cc) | 3 종이컵 (180cc) | 6 종이컵 (180cc) | 1 종이컵 (180cc) | 1큰 종이컵 (340cc) |
| 왜 why | 비타민 B 복합체 | 황 | 항산화 | 에너지원 | 미네랄 해독 | 필수아미노산 필수지방산 코엔자임 Q 비타민 미네랄 |

## 6 3 3 채소 및 과일 리스트

| 6 : 진 녹색잎 나물 | | | | | |
|---|---|---|---|---|---|
| 시금치 | 취나물 | 청경채 | 고수 | 곤드레 | 콜라드, 녹색 |
| 삼나물 | 미나리 | 치커리 | 양상추 | 씀바귀 | 머위 |
| 쑥갓 | 상추 | 곰취 | 비트, 녹색 잎 | 아욱 | 방풍 |
| 냉이 | 깻잎 | 명의초 | 봄동 | 엄나무순 | 유채 |
| 달래 | 케일 등 각종 쌈 채소 | 파슬리 | 비름 | 시래기 | 겨자잎 |
| 돌나물 | 참나물 | 원추리나물 | 근대 | 호박잎 | 고들빼기 |
| 두릅 | 루꼴라 | 잔대나물 | 고춧잎 | 피마지잎 | 돌미나리 |

| 3 : 버섯과/ 김치/ 양파 | | | | | |
|---|---|---|---|---|---|
| **버섯과** | 느타리버섯 | 양송이버섯 | 표고버섯 | 새송이버섯 | 능이버섯 |
| | 팽이버섯 | | | | |
| **배추과** | 배추 | 양배추 | 얼갈이배추 | 우거지 | 갓 |
| | 무 | 열무 | 총각무 | | |
| | 방울양배추 | 브로콜리 | 콜리플라워 | 시래기 | 들깻잎 |
| **양파과** | 양파 | 쪽파 | 대파 | 풋마늘대 | 마늘 |
| | 생강 | 부추 | 아스파라거스 | 마늘종 | |

| 3 : 무지갯빛 채소/ 과일 | | | | | |
|---|---|---|---|---|---|
| **빨강** | 빨강비트 | 빨강고추 | 딸기 | 토마토 | 수박 |
| | 붉은 양배추 | 체리 | | | |
| **주황/ 노랑** | 당근 | 호박 | 고구마 | 파인애플 | 골드키위 |
| | 복숭아 | 망고 | 오렌지 | 레몬 | |

| 파랑/ 남색/ 보라/검정 | 블루베리 | 포도 | 보라색 케일 | 보라색 양배추 | 아로니아 |
|---|---|---|---|---|---|
| | 검정 올리브 | 가지 (껍질 함께) | | | |
| 녹색 | 애호박 | 녹색 올리브 | 아보카도 | 녹색 키위 | 오리 |
| | 맬론 | 브로콜리 | | | |

## 6336+1 and +1 프로그램 일주일 식단표 예

| Day | 아침 | 점심 | 저녁 | 간식 |
|---|---|---|---|---|
| 1 | 밥<br>시금치 된장국<br>꽁치 구이<br>미나리 무침<br>느타리버섯 무침 | 밥<br>우거지 된장국<br>돼지 김치 두루치기<br>참나물<br>오이 생채 | 밥<br>배추김치<br>시금치 무침<br>동태매운탕(다시마 육수, 동태, 무, 양파, 마늘, 미나리 또는 쑥갓, 대파, 콩나물)<br>미역 들깨 무침 | 아로니아 주스<br>토마토 |
| 2 | 밥<br>돼지 김치찌개<br>상추 겉절이<br>미역 줄거리 볶음 | 밥<br>호박 된장국<br>삼겹살 구이<br>미역 오이 무침<br>각종 쌈 채소<br>송이버섯 구이 | 밥<br>낙지전골 (다시마 육수, 낙지, 버섯, 미나리 또는 쑥갓, 콩나물)<br>열무김치 | 포도 |
| 3 | 밥<br>토마토 계란국<br>(토마토, 계란)<br>취나물<br>엄나무순 데침<br>풋마늘대 무침 | 밥<br>청국장 찌개<br>(청국장, 돼지고기, 배추김치, 무, 두부)<br>물파래 무침<br>돌나물 무침<br>참나물 무침 | 밥<br>대구탕<br>(다시마 육수, 대구, 무, 다시마, 미나리, 콩나물, 대파, 마늘)<br>깻잎 찜 | 호박죽 |

| | | | | |
|---|---|---|---|---|
| 4 | 밥<br>달래 된장국<br>돌나물<br>시래기 된장 볶음<br>미역 줄거리 볶음 | 밥<br>갈비찜(소갈비, 당근, 버섯, 양파, 대파,<br>고추)<br>생배추, 풋고추<br>시금치 무침 | 밥<br>버섯전골(다시마 육수,<br>각종 버섯, 소고기, 양파, 호박, 당근, 고추, 쑥갓 또는 미나리)<br>해초오이 무침 | 골드키위 |
| 5 | 밥<br>조개 미역국<br>갓김치<br>두릅 데침 | 밥<br>샤브샤브<br>(다시마 육수, 소고기, 청경채, 배추,<br>각종 버섯, 대파) | 밥<br>북어 무국<br>(다시마 육수, 또는 사골 육수, 황태, 무, 대파, 마늘, 계란)<br>가지나물<br>알타리무김치<br>곤드레나물 무침<br>곰취나물 무침 | 홍시,<br>딸기 |
| 6 | 밥<br>홍합탕<br>(홍합, 고추,<br>마늘, 대파)<br>마늘종<br>새우 볶음<br>파래김 무침<br>삼나물 데침 | 송이해물덮밥<br>(각종 해산물, 청경채,<br>마, 당근)<br>부추 겉절이 | 밥<br>콩나물국<br>제육볶음<br>삶은 양배추 쌈<br>각종 쌈 채소 | 녹색키위,<br>딸기 |
| 7 | 밥<br>아욱 국<br>계란 후라이<br>톳나물 무침<br>느타리버섯 볶음 | 밥<br>추어탕<br>(다시마 육수, 미꾸라지,<br>우거지, 파, 양파, 마늘,<br>고추, 된장)<br>갓김치<br>마늘종장아찌 | 밥<br>양갈비 구이<br>마늘 구이<br>각종 쌈채소 (보라색<br>케일 포함) | 골드키위 |

# 음식 일기 예

## 오늘 먹은 6336 +1 and +1

날짜 :

| | 6 | 3 | 3 | 6 | +1 | and+1 |
|---|---|---|---|---|---|---|
| | 녹색잎 채소 | 버섯, 김치 | 무지갯빛 채소, 과일 | 밥 | 해초류 | 동물고기 |
| 총 먹은 양 (컵) | 4컵 | 2.5컵 | 3컵 | 6컵 | 2컵 | 1.2컵 |
| 종류 (컵) | 취나물 (1컵) 시금치나물 (1컵) | 느타리버섯 볶음(1컵) 알타리김치 (1컵) 배추김치 (0.5컵) | 호박볶음(1컵) 토마토(1컵) 포도(1컵) | | 미역오이 무침(1컵) 미역줄거리 볶음(1컵) | 꽁치튀김 (0.5컵) 삼겹살 (0.7컵) |
| 실행도(%) | 60% | 83% | 100% | 100% | 100% | 100% |

### 피해야 할 음식 중 섭취한 것이 있는가?

담배 : 2개피
밀가루 : 쿠키 2조각, 머핀 1개
유제품 : 아이스크림 1개
가공식품 : 소시지

### 몸 컨디션 일기 (상태를 서술한다)

코어 운동 시행 : 20분
피로감 : 오전 10시 넘어서 피로감이 몰려온다. 낮잠 30분 후 좋아짐.
정신이 맑은 정도 : 피로감이 오면서 정신이 맑지 않다.
두통 : 하루 생활 동안 전반적으로 앞이마와 눈 주위 두통이 있다.
기분 : 불안, 두려움, 화남, 공격적, 신경성 날카로움, 우울
　　　– 문득 문득 화가 나고 날카로워진다. 나에 대한 자신감이 없고 우울함이 있다.
소화 : 먹으면 소화는 잘 된다.
바나나 똥 배변 : 하루 1번 이상 잘 본다.
수면의 질: 누우면 1시간 이상 뒤척여야 잠이 온다.

## 음식 일기 쓰기

오늘 먹은 6336 +1 and +1

날짜:

| | 6 | 3 | 3 | 6 | +1 | and+1 |
|---|---|---|---|---|---|---|
| | 녹색잎 채소 | 버섯, 김치 | 무지갯빛 채소, 과일 | 밥 | 해초류 | 동물고기 |
| 총 먹은양 (컵) | | | | | | |
| 종류 (컵) | | | | | | |
| 실행도(%) | | | | | | |

### 피해야 할 음식 중 섭취한 것이 있는가?

담배 :

밀가루:

유제품 :

가공식품:

### 몸 컨디션 일기 (상태를 서술한다)

코어 운동 시행 :

피로감 :

정신이 맑은 정도 :

두통 :

기분 :

소화 :

바나나 똥 배변 :  .

수면의 질:

## 6336+1 and +1 프로그램 90일 실천 표

시작일 _____, 마침일 _____.

| 주 | 월 | 화 | 수 | 목 | 금 | 토 | 일 |
|---|---|---|---|---|---|---|---|
| 1주 | 1 | 2 | 3 | 4 | 5 | 6 | 7 |
| 2주 | 8 | 9 | 10 | 11 | 12 | 13 | 14 |
| 3주 | 15 | 16 | 17 | 18 | 19 | 20 | 21 |
| 4주 | 22 | 23 | 24 | 25 | 26 | 27 | 28 |
| 5주 | 29 | 30 | 31 | 32 | 33 | 34 | 35 |
| 6주 | 36 | 37 | 38 | 39 | 40 | 41 | 42 |
| 7주 | 43 | 44 | 45 | 46 | 47 | 48 | 49 |
| 8주 | 50 | 51 | 52 | 53 | 54 | 55 | 56 |
| 9주 | 57 | 58 | 59 | 60 | 61 | 62 | 63 |
| 10주 | 64 | 65 | 66 | 67 | 68 | 69 | 70 |
| 11주 | 71 | 72 | 73 | 74 | 75 | 76 | 77 |
| 12주 | 78 | 79 | 80 | 81 | 82 | 83 | 84 |
| 13주 | 85 | 86 | 87 | 88 | 89 | 90 | 91 |

각 칸에 몇 %를 실행 했는지 적거나 색깔 스티커를 붙여본다.

## 미토콘드리아가 우리의 삶을 설명한다

육체와 정신은 상호작용을 한다. 둘 다 중요하지만 정신 쪽에 좀 더 중요성을 주는 경우가 많기는 하다. "정신력으로 버틴다."라는 말을 많이 사용하고 좋아하는 것도 그 때문이 아닐까 한다. 닭이 먼저냐 알이 먼저냐의 문제처럼 육체와 정신의 관계를 어느 것이 더 중요하다고 말하기는 쉽지 않지만, 사실 육체가 건강하게 움직이지 않으면 뇌는 퇴화될 수밖에 없고, 정신 또한 쇠약해 질 수밖에 없다. 그리고 바로 그 육체의 건강, 육체의 힘, 에너지, 활력, 기력 그 자체가 미토콘드리아이다.

박문호 박사의 『뇌, 생각의 출현』이라는 책에는 흥미로운 이야기가 나온다. 멍게에 관한 이야기인데, 멍게가 유충일 때는 바다를 헤엄치는 운동을 해야 하기 때문에 척수(nerve cord)가 있지만 성충이 되어 바위에 붙어 자라기 시작하면서 움직일 필요가 없어지기 때문에 척색과 척수를 스스로 삼켜 소화시켜 없애버린다고 한다. 즉 뇌라는 것이 운동의 출력기관으로서 시작되었다는 것이다.

뇌의 95%는 무의식적인 운동조절 활동이다. 그렇다면 의식, 정신, 생각이라고 하는 5%의 뇌 활동이라는 것도 움직임으로 인한 다른 차원의 움직임, 내면화된 움직임이 만들어진 결과라고 할 수 있다. 운동의 출력 역할을 하는 95%의 뇌는 생각하는 5%의 뇌에 영향을 줄 수밖에 없는 것이다.

육체의 움직임이라는 것은 뇌의 필요성을 만들어내는 것이고, 의식, 정신, 생각이라는 것도 결국 육체의 움직임의 출력 활동을 위해 만들어진 뇌 활동의 소산이다. 정신적으로 힘들어진 상황에 부딪혔다고 생각될 때 특히, 스스로의 육체를 다시 살펴볼 필요가 크다. 육체가 건강히 바로 서면 정신도 건강하고 바르게 된다.

근래 병원 검진센터에 들리게 되었는데, 매우 많은 사람들이 진지한 얼굴로 건강검진을 받고 있었다. 직장 검진일 수도 있고, 국가에서 지원하는 건강 검진일 수도 있고, 그것에 더하여 세밀한 검진을 받고 있는 사람들도 있을 수도 있을 것이다. 물론 중요한 질병이 이런 검진에서 드러나기도 하지만, 사실은 본인 자신들이 더 잘 알 것이다. 건강검진으로 건강한가, 아닌가

하는 것이 드러나지는 않는다. 모든 것이 'OK'라는 검진 표 하나로 우리의 건강이 평가될 수는 없다는 것이다.

건강은 바로 아침에 눈을 뜨는 그 순간부터 밤에 눈을 감고 잠들 때까지 시시각각 본인이 느끼는 몸의 상태이다.

아침에 눈을 떴을 때 상쾌한가?

거울을 봤더니 얼굴에 잡티가 없이 깨끗한가?

직장에서 만나는 사람들과 반가이 인사하게 되는가?

전반적으로 기분 좋은 상태로 하루를 보내는가?

생활하는 데 에너지가 넘치는가?

식사는 맛있게 하는가?

보통 성인 남녀가 가져야 하는 성욕을 가지고 있는가, 그리고 그것이 나의 파트너와 즐겁게 해소되는 건강한 성생활을 하고 있는가?

변은 상쾌하게 하루 한 번 이상 보는가?

밤에 누우면 잠은 잘 드는가?

이 모든 것을 살펴보는 것이 곧 나의 미토콘드리아 건강을 살펴보는 것이다. 그리고 미토콘드리아 건강이 충족되지 않은 상태는 정신적으로 힘든 상태로 연결된다.

하지만 우리는 육체적으로 건강하지 않은 상태 때문에 정신적으로 힘들다는 것을 모를 때가 많다. 단지 정신적으로 힘들

뿐이라고 생각하고 있을 수도 있다. 미토콘드리아가 지배하는 육체의 건강이 곧 정신의 건강을 지배한다. 정신적으로 힘들 때 더욱 육체의 건강을 돌아 봐야 한다. 즉 미토콘드리아를 돌아 봐야 한다.

미토콘드리아는 무언가를 하고 싶게 하고 계획하게 하는 열정이고 일을 추진하고 몰아가고 완성해내는 힘이고 끈기이고 집중력이고 젊음이다.

조선시대 우리가 익히 알고 있는 대학자들을 보면 어떻게 그렇게 많은 일을 하고, 많은 책을 쓰고, 어느 한 가지가 아니라 통합적인 지식과 사고를 가졌는지 경이로울 정도이다. 나는 그것이 미토콘드리아라고 생각한다. 그분들의 미토콘드리아는 너무도 건강했다고 생각한다. 그리고 그 바탕에는 우리의 음식과 토양과 맑은 환경 그리고 그분들에게 건강한 미토콘드리아를 물려준 훌륭한 어머니들이 있었다고 생각한다.

그런데 지금 우리는 어떠한가. 우리가 본래 먹어왔던 미토콘드리아를 위한 최고의 음식들을 식단에서 치우고 있고, 환경은 오염되고 있다. 여성은 스키니에 온 집중이 가 있고, 빼빼 마른 몸이 우상이 되었다. 삶의 에너지를 지배하는 미토콘드리아를 관장하는 여성이 그 권리를 포기하고 있다.

미토콘드리아는 스스로 쇠퇴기를 맞이한다. 그것이 노화이다. 미토콘드리아의 노화가 우리의 나이 듦이다. 이것을 막을 수는 없다. 그리고 미토콘드리아가 모든 기능을 멈추는 순간이 인간 모두에게 돌아오는 죽음이다. 미토콘드리아가 흥하고 쇠하고 죽는 것이 우리의 삶 자체이고 자연의 섭리이다.

이때 내 아이가 힘 있고 열정적으로 청·장년기를 살고, 그리고 병들지 않고 노화와 죽음의 섭리로 이어지는 데 엄마의 영향력이 너무도 크다. 그리고 그 영향력이 아이를 갖기 전에 다만 몇 달 동안의 노력으로라도 달라질 수 있다면, 그것은 엄마로서 투자하기 아깝지 않은 충분한 시간이고 노력이 될 것이다.

# 참고문헌

## 1. 2부

1. 전지아 외, 한국 성인의 복합질환 현황과 이환 패턴 분석 연구- 한국보건사회연구원

2. Guyton and Hall, 의학 생리학, 범문에듀케이션, 2011

3. 닉레인, 미토콘드리아, 뿌리와 이파리 2007

4. Terry Wahls, Minding Mitochondria, 2nd edition, TZ press, L.L.C.

5. 신동화, 당신이 먹는 게 삼대를 간다, 민음인, 2009

6. H.K. Lee, J.H. Song et al. Decreased mitochondrial DNA content in peripheral blood precedes the development of non-insulin-dependent diabetes mellitus, Diabetes Res Clin Pract 42 (1998) 161-7

7. Lee HK, Cho YM et al. Mitochondrial dysfunction and metabolic syndrome-looking for environmental factors. Biophys Acta. 1800:282-9.2010

8. Wallace DC. Mitochondria as Chi. Genetics 179 (2008):727-735

9. Puente-Maestu L et al. Abnormal mitochondrial function in locomotor and respiratory muscles of COPD patients. Eur Respir J 33 (2009):1045-52

10. H.K.Lee, Shim EB. Extension of the mitochondria dysfunction hypothesis of metabolic syndrome to atherosclerosis with emphasis on the endocrine-

disrupting chemicals and biophysical laws, J Diabetes Investing. 2013 Jan 29;4(1):19−33

11. Edoardo Gaude and Christian Frezza, Defects in mitochondrial metabolism and cancer, Cancer & Metabolism 2014, 2:10

12. Sang−Woon Choi and Simonetta Friso, Epigenetics: A new Bridge between Nutrition and Health, American Society for Nutrition. Adv. Nutr. 1:8−16, 2016

13. C.N.Hales, D.J.P.Barker, Type 2 (non−insulin− dependent) diabetes mellitus: the thrifty phenotype hypothesis, Diabetologia 1992, 35(7):595−601

14. Roseboom TJ, van der Meulen JH, Ravelli AC, Osmond C, Barker DJ, Bleker OP, Effects of prenatal exposure to the Dutch famine on adult disease in later life: an overview. MOL CELL ENDOCRINOL 2001;185 (1−2):93− 98

15. H.K. Lee, K.S. Park, Y.M. Cho, Y.Y. Lee, Y.K. Pak, Mitochondria−based model for fetal origin of adult disease and insulin resistance. Ann. N. Y. Acad. Sci. 1042 (2005) 1−18.

16. K.S. Park, S.K. Kim, M.S. Kim, E.Y. Cho, J.H. Lee,K. U. Lee, Y.K. Pak, H.K. Lee, Fetal and early postnatal protein malnutrition cause long−term changes in rat liver and muscle mitochondria, J. Nutr. 133 (2003) 3085−3090.

17. D.H. Lee, M.H. Ha, J.H. Kim, D.C. Jacobs Jr, Gamma− Diabetologia

18. D.H. Lee, L.M. Steffen, D.R. Jacobs Jr. Association between serum gammaglutamyltransferase and dietary factors: the Coronary Artery Risk Development in Young Adults (CARDIA) Study. Am. J. Clin. Nutr. 79 (2004) 600

19. D.H. concentrations of persistent organic pollutants and insulin resistance among nondiabetic adults: results from the National Health and Nutrition Examination Survey 1999

20. Lee HK, Cho YM et al. Mitochondrial dysfunction and metabolic syndrome-looking for environmental factors. Biophys Acta. 1800 (2010):282-9

21. Gore AC. Endocrine-Disrupting Chemicals. JAMA Intern Med 2016 Sep 26

22. Lars Lind, P. Monica Lind, Margareta H. Lejonklou et al. Uppsala Consensus Statement on Environmental Contaminants and the Global Obesity Epidemic. Environ Health Perspect. 2016 May; 124(5):A81-3

23. Terry Wahls, The Wahls Protocol, Avery, 2014

24. 이덕희, 호메시스, MID, 2015

3부

1. Flore Depeint et al. Mitochondrial function and toxicity: Role of the B vitamin family on mitochondrial energy metabolism, chemico-Biological Interaction 163 (2006)

94−112).

2. Terry Wahls, Minding My Mitochondria, TZ press L.L.C., 2009

3. Terry Wahls, The Wahls Protocol, AVERY, 2013

4. A.P. Simopoulos et al. Evolutionalry Aspects of the Dietary Omega−6:Omega−3 Fatty Acid Ratio : Medical Implications. World Review of Nutrition and Dietics 100 (2009): 1−21.

5. A.P. Simopoulos et al. Overview of Evolutionary Aspects of w3 Fatty Acids in the Diet)

6. 스티븐 시나트라, 조니보든. '콜레스테롤 수치에 속지 마라' 예문사, 2012

7. Frank B et al. Meta−analysis of Prospective cohort Studies Evaluating the Association of Saturated Fat with Fat with Cardiovascular Disease. American Journal of Clinical Nutrition 91(3) (2010): 502−9.

8. R.S. Kuipers et al. Saturated Fat, Carbohydrates, and Cardiovascular Disease. Netherlands Journal of Medicine 69(9) (2011):372−78.

9. David M. et al. Dietary Fats, Carbohydrate, and Progression of Coronary Atherosclerosis in Postmenopausal Women. American Journal of Cllinical Nutrition 80(5) (2004): 1175−84)

10. 나카무라 테이지, 7색 채소 건강법, 넥서스BOOKS, 2009

4부

1. D.H. Lee, M.H. Ha, J.H. Kim, D.C. Christiani, M.D. Gross, M. Steffes, R. Blomhoff, D.R. Jacobs Jr, Gamma-glutamyltransferase and diabetes—a 4 year follow-up study, Diabetologia 46 (2003) 359–364.

2. D.H. Lee, L.M. Steffen, D.R. Jacobs Jr, Association between serum gammaglutamyltransferase and dietary factors: the Coronary Artery Risk Development in Young Adults (CARDIA) Study, Am. J. Clin. Nutr. 79 (2004) 600–605.

3. D.H. Lee, M.W. Steffes, D.R. Jacobs Jr, Can persistent organic pollutants explain the association between serum gamma-glutamyltransferase and type 2 diabetes? Diabetologia 51 (2008) 402–407.

4. D.H. Lee, I.K. Lee, S.H. Jin, M. Steffes, D.R. Jacobs Jr, Association between serum concentrations of persistent organic pollutants and insulin resistance among ondiabetic adults: results from the National Health and Nutrition Examination urvey 1999–2002, Diabetes Care 30 (2007) 622–628.

5. Cho YM et al. Mitochondrial dysfunction and metabolic syndrome—looking for environmental factors. Biophys Acta. 1800 (2010):282–9

내 아이 평생건강을 결정하는 90일 프로그램

# 미토콘드리아의 기적

**지은이** 김자영

**감　수** 이홍규

**발행일** 2016년 11월 21일

**펴낸이** 양근모

**발행처** **도서출판 청년정신** ◆ **등록** 1997년 12월 26일 제 10—1531호

**주　소** 경기도 파주시 문발로 115 세종출판벤처타운 408호

**전　화** 031)955—4923 ◆ **팩스** 031)955—4928

**이메일** pricker@empas.com